数据挖掘算法——基于 C++及 CUDA C

[美]蒂莫西·马斯特斯（Timothy Masters） 著

周书锋 连晓峰 译

中国水利水电出版社
www.waterpub.com.cn
·北京·

内 容 提 要

本书是美国著名数据挖掘算法专家、数值计算专业的数理统计学博士 Timothy Masters 的最新作品。

应用中的预测或分类使数据挖掘工程师经常会面对成千上万的候选特征。这些特征绝大多数没有价值或只有很小的价值，只有与某个或某些其他特征联合起来才可能有用；一些特征可能有巨大的预测能力，但它们又可能仅存在于整体特征空间的某些区域……数据挖掘中，类似这种使人痛苦的问题是无穷的。本书中的现代特征选择技术，将帮助你解决这些问题。本书中所有的算法都可被直觉证实，并有相关方程和解释材料支撑。作者还展现了这些算法的完整的、受到高度好评的源代码（下载网址：https://www.apress.com/cn/book/9781484259870），并对其进行了解析。

本书适合算法、数据挖掘、人工智能等领域的师生及相关的技术与研究人员使用。

北京市版权局著作权合同登记号：图字 01-2021-0048

First published in English under the title
Modern Data Mining Algorithms in C++ and CUDA C: Recent Developments in Feature
Extraction and Selection Algorithms for Data Science
by Timothy Masters
Copyright © Timothy Masters, 2020
This edition has been translated and published under licence from
APress Media,LLC,part of Springer Nature.

图书在版编目（ＣＩＰ）数据

数据挖掘算法：基于C++及CUDA C / （美）蒂莫西·
马斯特斯著 ；周书锋，连晓峰译. -- 北京：中国水利
水电出版社，2021.8
书名原文：Modern Data Mining Algorithms in C++
and CUDA C
ISBN 978-7-5170-9782-2

Ⅰ. ①数… Ⅱ. ①蒂… ②周… ③连… Ⅲ. ①C语言
－程序设计 Ⅳ. ①TP312.8

中国版本图书馆CIP数据核字(2021)第149973号

策划编辑：周春元	责任编辑：王开云	封面设计：梁　燕

书　　名	数据挖掘算法——基于 C++及 CUDA C SHUJU WAJUE SUANFA——JIYU C++ JI CUDA C
作　　者	[美]蒂莫西·马斯特斯（Timothy Masters）　著　周书锋　连晓峰　译
出版发行	中国水利水电出版社 （北京市海淀区玉渊潭南路 1 号 D 座　100038） 网址：www.waterpub.com.cn E-mail：mchannel@263.net（万水） 　　　　sales@waterpub.com.cn 电话：（010）68367658（营销中心）、82562819（万水）
经　　售	全国各地新华书店和相关出版物销售网点
排　　版	北京万水电子信息有限公司
印　　刷	三河市德贤弘印务有限公司
规　　格	184mm×240mm　16 开本　9.75 印张　206 千字
版　　次	2021 年 8 月第 1 版　2021 年 8 月第 1 次印刷
印　　数	0001—3000 册
定　　价	68.00 元

凡购买我社图书，如有缺页、倒页、脱页的，本社营销中心负责调换

作者简介

　　Timothy Masters 获得数值计算专业的数理统计博士学位后，一直担任政府和行业的独立顾问。早期研究领域包括高程影像的自动特征检测，还开发了洪灾和旱灾预测，隐蔽导弹发射井检测和军用车辆识别等应用。后来与医学研究人员合作开发了穿刺活检良性细胞/恶性细胞的计算鉴别算法。在过去的 20 年中，主要专注于金融市场交易系统的自动评估方法研究。撰写了 12 本关于预测建模实际应用方面的图书：

　　《实用神经网络 C++实现》（Academic，1993）

　　《基于神经网络的信号和图像处理》（Wiley，1994）

　　《神经网络先进算法》（Wiley，1995）

　　《时间序列预测的神经网络、新型和混合算法》（Wiley，1995）

　　《预测和分类的评估与改进》（Apress，2018）

　　《深度信念网络的 C++和 CUDA C 实现：第一卷：受限玻尔兹曼机和监督式前馈网络》（Apress，2018）

　　《深度信念网络的 C++和 CUDA C 实现：第二卷：复域中的自编码》（Apress，2018）

　　《深度信念网络的 C++和 CUDA C 实现：第三卷：卷积神经网络》（Apress，2018）

　　《数据挖掘算法的 C++实现》（Apress，2018）

　　《市场交易系统的测试与优化》（Apress，2018）

　　《金融市场预测的可靠统计指标：C++算法实现》（KDP，2019，第 2 版 2020）

　　《交易系统开发的排列检验和随机检验：C++算法实现》（KDP，2020）

技术评审简介

  Michael Thomas 作为独立开发人员、团队负责人、项目经理和工程副总经理在软件开发领域工作了 20 多年，具有 10 年以上的移动开发工作经验。其目前主要从事在医疗领域中利用移动设备来加速患者和医疗服务供应商之间的信息传输工作。

目　　录

第1章　概述 ···································· 1

第2章　前向选择成分分析 ················· 3

前向选择成分分析概述 ················ 3

数学原理与代码示例 ················· 5

最大化解释方差 ················· 6

方差最大化准则代码 ············· 7

后向细化 ····················· 10

多线程后向细化 ··············· 13

有序成分正交化 ··············· 18

综合应用 ························ 20

仅前向选择子集的成分变量 ······ 24

后向细化子集的成分变量 ······· 25

人工变量示例 ····················· 26

第3章　局部特征选择 ··················· 30

算法概述 ························ 30

算法输出结果 ··············· 34

简要介绍：单纯形算法 ··········· 34

线性规划问题 ··············· 35

Simplex 类的接口 ············ 36

更多细节 ·················· 37

一种更严格的 LFS 方法 ··········· 38

类内分割和类间分割 ········· 41

计算权重 ·················· 43

最大化类间分割 ············· 45

最小化类内分割 ············· 48

测试 β 试验值 ················ 49

关于线程的简要说明 ·············· 52

CUDA 权重计算 ·················· 52

将 CUDA 代码集成到算法中 ······ 53

初始化 CUDA 硬件 ············ 54

计算与当前实例之差 ·········· 56

计算距离矩阵 ··············· 57

计算最小距离 ··············· 59

计算权重方程项 ············· 63

转置项矩阵 ················· 64

权重项求和 ················· 65

权重迁移到主机 ············· 66

局部特征选择示例 ················ 66

关于运行时的解释说明 ············ 67

第4章　时间序列特征的记忆特性 ········· 68

简单数学概述 ···················· 69

前向算法 ·················· 70

后向算法 ·················· 72

α 和 β 修正 ·················· 74

一些常规计算 ···················· 78

均值和协方差 ··············· 78

概率密度 ·················· 79

多元正态概率密度函数 ········ 80

启动参数 ························ 81

初始化算法流程 ············· 81

对均值施加扰动 ············· 82

对协方差施加扰动 ··········· 82

对转移概率施加扰动 ········· 83

关于随机数发生器的解释 ········ 83

完整优化算法 ························· 84
　计算状态概率 ····················· 85
　更新均值和协方差 ················· 87
　更新初始概率和转移概率 ··········· 89
HMM 在时间序列中的记忆特性评估 ··· 93
链接特征变量与目标变量 ············· 96
　链接 HMM 状态与目标 ··········· 102
　一个人为的不当示例 ············· 109
　一个合理可行的示例 ············· 111

第 5 章　逐步选择改进算法 ········ 113

特征评估模型 ····················· 114
　基本模型实现代码 ················ 115
交叉验证性能度量 ················· 118

逐步选择算法 ····················· 120
　确定第一个变量 ················· 125
　在现有模型中添加变量 ··········· 127
三个算法演示示例 ················· 130

第 6 章　名义变量到有序变量的转换 ······ 133

实现概述 ························· 135
合理关系测试 ····················· 135
股票价格变动示例 ················· 136
名义变量到有序变量变换实现代码 ······ 138
　构造函数 ······················· 139
　输出计数表 ····················· 141
　计算映射函数 ··················· 143
Monte-Carlo 置换检验 ············· 145

第**1**章

概述

严谨的数据挖掘人员，在他们的预测或分类应用中经常会面临着成千上万个候选特征，其中大多数特征几乎或完全没有任何价值。更麻烦的是，许多特征可能仅在与某些其他特征相结合时才有用，而单独使用或与大多数其他特征组合时实际上毫无价值。某些特征可能具有强大的预测能力，但也仅限于特征空间中一个很小的特定区域。诸如此等经常给从事现代数据挖掘人员带来困扰的问题层出不穷。

过去 20 多年来，本人在金融市场领域的工作涉及对数十年来的几百上千个市场中所产生的价格数据进行分析，以寻找可以利用的价格变动模型。如果没有一系列最新的大型数据挖掘工具，我的工作几乎无法完成。

本人在职业生涯中积累了很多这样的工具，并且仍在及时跟进科学期刊，以探索最新算法。在本人最近撰写的《数据挖掘算法 C++实现》一书中，为大家呈现了很多本人最喜欢的算法。在此，我将继续为大家呈现及揭秘本人所开发的变量筛选程序——VarScreen 中的关键模块的详细信息和源代码。这个程序，我在过去几年中一直在持续更新，并已经开放了免费下载。而本书包含的主题，主要有以下几个：

- **隐马尔可夫模型**。根据其与目标的多元相关性，选择和优化**隐马尔可夫模型**。基本思想是根据观测变量推导出隐马尔可夫模型的当前状态，然后利用该状态信息来估计不可观测的目标变量的值。这种利用时间序列记忆的操作可有利于快速决策，并提高信息利用率。

- **前向选择成分分析**。**前向选择成分分析**采用了从较大变量集的子集中采集最大方差分量的前向和可选的后向细化。这种主成分分析法和逐步选择法的组合方法能够有效缩减庞大的特征集，而仅保留最重要的变量。

- ***局部特征选择。局部特征选择***用于识别在特征空间局部区域内最优但可能不是全局最优的预测值。该预测值可有效地用于非线性模型，但被许多需要全局预测能力的其他特征选择算法忽略。因此，该算法可检测其他特征选择算法遗漏的重要特征。

- ***预测特征的逐步选择。预测特征的逐步选择***方法在三个重要方面得到增强。首先，该算法无需在每一步都保留一个最优的候选子集，而是保留了高质量的较大子集，并对具有联合能力而非独立能力的预测值组合进行更详尽的搜索。其次，采用交叉验证而非传统的样本内性能来进行选择特征。这提供了一种非常好的复杂性控制方法，从而大大提高样本间性能。再次，在每个附加步骤中执行 Monte-Carlo 排列检验，评估貌似好其实一点都不好而只是幸运地达到性能标准的特征集的概率。

- ***标称值到有序值的转换。标称值到有序值的转换***可允许获得一个有潜在价值的标称变量（类别或类成员），不适用于预测模型的输入，并对每种类别赋予一个可作为模型输入的合理数值。

在本人所撰写的书中，所有这些算法通常都是先从直观概述开始，接着是基本的数学原理，最后是完整的包含大量注释的源代码。在大多数情况下，会通过一个或多个示例应用程序来阐述相关技术。

在 VarScreen 程序中（可从网站 TimothyMasters.info 免费下载），实现了所有这些算法以及其他更多算法。该程序可作为数据挖掘应用中一个有效的变量筛选程序。

第**2**章
前向选择成分分析

本章所提出的算法深受 Luca Puggini 和 Sean McLoone 于 2017 年 12 月在 "IEEE Transactions 模式分析与机器智能" 学报上发表的《前向选择成分分析：算法与应用》（在很多网站上提供免费下载，只需搜索即可）的启发。不过，本人对此进行了必要的、小幅度的改动以便对实际应用更为实用。在 FSCA.CPP 文件中提供了执行这些算法的子程序代码。

前向选择成分分析概述

主成分分析技术已应用了几个世纪（貌似有这么久！），它是将在大量变量中包含的信息（如方差）提炼成一组称为成分或主成分的较小且易于处理的新变量。有些情况下，研究人员只对原始变量的线性组合特性感兴趣，这些组合提供了具有反映原始变量集固有的最大可能总方差特性的新的成分变量。也就是说，主成分分析有时可看作是一个描述性统计应用。在其他一些情况下，研究人员也希望进行进一步的分析，计算主成分并将其作为建模应用中的预测值。

然而，随着超大数据集的出现，传统主成分分析方法的一些缺点已成为一个严重性问题。造成这些问题的根本原因在于传统主成分分析方法是将新变量计算为所有原始变量的线性组合。如果现有数千个变量，那么在应用所有这些变量时可能会出现问题。

一个可能会出现的问题是获取所有这些变量的成本问题。或许研究预算中包括用于初步研究的庞大数据集的采集，但部门经理会对如此大规模的持续性研究持怀疑态度。如果在初始分析之后，只需更新原始变量集一个非常小的子集中的样本，那么情况会好很多。

另一个问题是解释问题。如果能够为新变量提供描述性名称（即使该名称是一个很长的段落）是很好的，我们经常这么做（或必须这么做以满足评价需求）。为两三个变量的线性组合命名就已经很困难了，那么理解和解释两千个变量线性组合的特性就可想而知了！因此，如果能从原始集合中找出一个非常小的子集，且该子集涵盖了原始集合中大部分独立变量的固有特性，然后由该子集计算新的成分变量，那么就能够更好地理解命名成分变量，并在新变量表征空间中解释。

在应用于一个海量数据集时，传统主成分分析方法存在的一个问题是变量组具有较大互相关性这一非常普遍的情况。例如，针对自动交易系统进行金融市场分析时，可能会量测许多市场行为特性：趋势、偏离趋势、波动性等。这些指标可能会有数百个，其中波动性指标就可能有几十种且都高度相关。在对这些相关变量组进行传统主成分分析时，相关的一个不良后果就是导致每个相关集合内的权重均匀分布在整个集合内的相关变量中。例如，假设现有 30 个高度相关的一组波动性指标。即使波动性是整个数据集（市场历史数据）中数据变化的一个重要根源（潜在有用信息），但由于每个变量的计算权重都很小，使得每项指标都只占整个指标组所表征的总"重要性"的一小部分。因此，可能会通过检查权重，只观察到波动性指标的微小权重，而错误地得出结论：波动性不太重要。若存在许多这种高度相关的指标组，尤其是这些都不属于显著特性簇时，几乎不可能实现智能化解释。

在此介绍的算法对于解决上述所有问题具有很大的帮助。首先找到一个能够"解释"数据集中所观察到的总变异性（考虑所有原始变量）的最佳的变量。大致来说，如果已知一个变量的值，即可得到原始数据集中所有其他变量的值，那么就表明该变量能够很好地解释总变异性。因此，能够以最大精度预测所有其他变量值的就是最佳变量。

一旦确定最佳单一变量之后，就可以考虑在其余变量中，根据已有变量找到下一个能够最优预测所有其他变量的变量。然后依此类推，找到第三个、第四个等，综合考虑所选择变量和所有之前选择的变量，选取每一个新选择的变量以使得解释方差最大。执行这一简单算法可从庞大的原始变量集合中获得一个有序变量集，首先是最重要的变量，然后重要性依次递减但总是最重要的（条件是优先选择）。

众所周知，贪婪算法（如之前介绍的严格前向选择）可产生一个次优的最终变量集。在某种意义上，结果总是最优的，但只有在以优先选择的前提条件下。若选择某一新变量，会（经常）发生这种情况，之前选择的一个变量会突然失去重要性，但仍保留在所选变量集合中。

鉴于上述原因，在此介绍的算法选择性允许通过定期测试先前选择的变量来不断细化所选变量集，以查看是否应删除这些变量并用其他候选变量来替换。遗憾的是，这样就失去了严格前向选择所具有的重要性排序特性，但得到了一个更优化的最终变量子集。当然，即使采用后向细化方法，仍可以得到一组变量，只是不如通过测试每个可能子集所得到的变量。然而，除了一个非常小的变量域之外，任何情况都会导致组合爆炸，从而导致不可能实现穷尽测试。因此，在实际应用中，后向细化是能够实现的最好方法。在大多数情况下，所得的最终变量集非常好。

在是否选择细化和所选变量个数之间存在一个可能需要提前指定的关系。这是一个看似明显但仍会引发困惑的问题。通过严格前向选择，无论用户决定保留多少个变量，在执行过程早期选择的"最佳"变量都会保持不变。如果事先决定最终集合内包含 5 个变量，后来又决定包含 25 个变量，那么后面 25 个变量的集合中前 5 个变量与最初确定的 5 个变量相同。这一属性非常直观。但如果指定后向细化和前向选择配合使用，那么包含 25 个变量的最终集合中的前 5 个变量与最初确定的 5 个变量完全不同。这是一个表明为何在使用后向细化时应注意变量在最终集合中出现顺序的具体示例。

无论如何选择，如果在将新成分变量作为所选变量的线性组合来计算其值时，按照以下步骤来进行就会得到很好的结果，此时具有两种期望属性：

（1）变量经标准化处理，意味着其均值为零，标准差为 1。

（2）变量彼此不相关，该特性增强了大多数建模算法的稳定性。

如果强制执行第 2 条属性，即成分变量正交性，那么通过变量选择不断增大解释方差的算法具有一个很好的属性：新成分变量的个数等于所选变量的个数。要求成分变量正交意味着成分变量不能多于原始变量，"解释方差最大化"选择规则意味着，只要原始集合中还有不共线的变量，就可以在每次选择另一个变量时计算一个新的成分变量。由此，所有数学推导和程序开发都将只计算与所选变量同样多的成分变量。尽管可能不会全部用到这些变量，但如果需要，这些变量都已计算得到。

数学原理与代码示例

在接下来的程序开发中，将用到以下所示的符号，这些符号很大程度上借鉴了但并非完全复制了本章开头引用论文中所用的符号。本书的主要目的是提供实际应用的相关信息，若读者想要了解详细的数学推导和证明，请参阅引用论文。最常用到的变量如下：

X——$m \times v$ 的原始数据矩阵；每行是一个用例，每列是一个变量。在此假设变量已经过标准化处理，即均值为零，标准差为 1。参考论文中只进行了零均值假设，但单位标准差假设可简化许多后续计算，在实践中并无限制。

x_i——X 中的第 i 列，列向量长度为 m。

m——用例个数；X 的行数。

v——变量个数；X 的列数。

k——从 X 中选择的变量个数，$k \leq v$。

Z——从 X 中选择的 $m \times k$ 列矩阵（变量）。

z_i——Z 的第 i 列，列向量长度为 m。

S——$m \times k$ 的新成分变量矩阵，以所选变量 Z 的线性变换计算。S 的列通过均值为零单位标准差的正交变量进行计算。

s_i——S 的第 i 列，列向量长度为 m。

任何主成分算法的基本思想都是希望以具有少于 X 中列数的成分变量矩阵 S 来最优逼近具有许多列（变量）的原始数据矩阵 X。这种近似方法是一种简单的线性变换，如式（2.1）所示，其中 Θ 是 $k \times v$ 的变换矩阵：

$$\widehat{X} = S\Theta \qquad (2.1)$$

在实际应用中，很少需要计算 Θ；只需知道，根据算法性质，存在这一矩阵且在内部计算中起作用。

可将近似误差表示为原始矩阵 X 与式（2.1）近似结果之差的平方和。在式（2.2）中，$\| \ \|$ 运算符表示对每项求平方然后求和。判断近似好坏的一种等效方法是计算由已知 S 解释的 X 中总方差的分数。如式（2.3）所示：

$$Err = \left\| \widehat{X} - X \right\|^2 \qquad (2.2)$$

$$ExplainedVariance = 1 - \frac{\left\| \widehat{X} - X \right\|^2}{\|X\|^2} \qquad (2.3)$$

综上考虑，发现需要从 X 中智能选择一组 k 列集合来得到 Z，由此可计算正交标准化成分变量矩阵 S。假设对于任意给定 S，已有一种计算式（2.2）的最小可能值，或等效于式（2.3）的最大可能值，即解释方差的方法。然后可得：对于 X 中列的任意指定子集，可计算出由 X 中列的选定子集来近似整个 X 的程度。这样就提供了一种对任意实验子集"评分"的方法。只需构造子集，使得近似误差最小。在此，通过前向选择和可选的后向细化，不断增大解释方差来实现。

最大化解释方差

本节将探讨整个算法最基本的部分：选择最佳变量，添加到正在构建的子集中。假设在子集中已有一组变量，或刚刚开始尚无一个变量。在这两种情况下，当前任务是为未包含在子集中的每个变量计算一个分值，并选择得分最高的变量。

对于任何变量，最明显的方法是将其临时包含在子集中，计算相应的成分变量 S（在下一节中讨论），利用式（2.1）来计算最小二乘权重来构建原始变量的近似值，最后利用式（2.3）计算由该近似值解释的原始方差分数。接下来选择使得解释方差最大的变量。

正如经常发生的那样，显而易见的方法并不是最佳方法。上述介绍的程序运行正常，且可提供解释方差的具体数值。但遗憾的是，计算过程极其漫长。现有一种更好的方法，虽然计算速度较慢，但比定义方法好得多。

接下来将要介绍的方法是为测试每个候选变量而计算不同的准则，且没有现成的解释。然而，本章开头引用论文的作者给出了一个相对复杂的证明，即针对竞争变量的准则的阶次与竞争变量的解释方差的阶次相同。因此，如果选择该替代准则最大值的变量，则已知这正是使得解释方差最大的所选变量。

此时需要定义一个新的符号。已定义 Z 为整个数据集 X 中当前选定列（变量）。除去讨论的考虑，需理解，如果尚未选择任何变量，则 Z 是一个没有任何列的空矩阵。现在定义 $Z_{(i)}$ 为扩展了 X 第 i 列的 Z。当然，如果 Z 已有一个或多个列，则假设列 i 并未复制 Z 中已存在的 X 的列。在此以一个未在集合中的新变量为例，定义 $q_{j(i)}$ 如式（2.4）所示，注意，x_j 是指 X 中的第 j 列。然后，例中列（变量）i 的替代准则由式（2.5）给定。

$$q_{j(i)} = Z_{(i)}^T x_j \tag{2.4}$$

$$Crit_i \sum_{j=1}^{v} \left[q_{j(i)}^T (Z_{(i)}^T Z_{(i)})^{-1} q_{(i)} \right] \tag{2.5}$$

现在首先确定以下这些量的维度。变量域矩阵 X 有 m 行（用例）v 列（变量）。因此式（2.5）中的下标 j 是在整个变量域上求和。子集矩阵 $Z_{(i)}$ 也是 m 行，但有 k 列，若选择第一个变量，$k=1$，选择第二个变量，$k=2$，依此类推。为此，中间项 $q_{j(i)}$ 是一个长度为 k 的列向量。矩阵乘积为 $k \times k$，且求和中的每一项都是标量。

$k=1$ 时的式（2.5）用于搜索第一个变量，这是一个非常有用的练习。在此具体推导细节（相对简单）留给读者自行分析；切记 X 的列（即 Z）已标准化为均值为零、标准差为 1。验证式（2.5）求和中每一项都是变量 i 和变量 j 之间的平方相关非常简单。为此，选择与所有其他变量具有最大平均相关性的变量作为第一个变量，这比较合理。另一方面，从准则中减 1（因为总和中已包含其与自身的相关性）并除以 v-1 可得实际的平均相关性，然后以表格形式输出给用户以供参考。在稍后介绍的代码中执行上述操作，同时也强烈建议读者按照步骤编程实现，小试牛刀。

方差最大化准则代码

本节分析一个评估上述替代准则的子程序，通过前向选择将所选的最佳变量添加到子集中。完整的源代码见 FSCA.CPP 文件。

不过首先需要完成一些准备工作。在评估替代准则的过程中，需要多次计算变量对的点积。不断重复计算相同的值非常耗时。为此，预先计算 X 列的所有可能变量对点积矩阵，并将其保存在一个记为 covar 的矩阵中。之所以这样命名，是因为在此将每个点积除以 m（用例个数）。X 的列以零均值为中心，因此这是一个协方差矩阵。事实上，由于列也服从单位标准差，所以 covar 也是一个相关矩阵。但需要注意的是，标准差尺度是个人选择，以使得权重相称；选择算法并不需要是单位标准差，但确实需要以零均值为中心。

下列代码段是通过 X 中的 npred X 矩阵乘以 n_cases 来计算 covar。由于是对称矩阵，只需计算下三角。另外，由于标准化处理保证对角线元素都是 1.0，因此也无需计算对角线元素。如果未进行标准化，则需要计算对角线。

```
for (i=1 ; i<npred ; i++) { //求和初始化
    for (j=0 ; j<i ; j++)
        covar[i*npred+j] = 0.0 ;
    }
for (i=0 ; i<n_cases ; i++) { //对所有用例(x 的行)求和
    xptr = x + i * npred ; //指向该用例
    for (j=1 ; j<npred ; j++) {
        dtemp = xptr[j] ;
        for (k=0 ; k<j ; k++)
            covar[j*npred+k] += dtemp * xptr[k] ; //累积每个点积
    }
}
for (j=1 ; j<npred ; j++) { //将点积转换为协方差
    for (k=0 ; k<j ; k++) {
        covar[j*npred+k] /= n_cases ;
        covar[k*npred+j] = covar[j*npred+k] ; //矩阵对称
        }
    }
for (j=0 ; j<npred ; j++) //无需计算对角线元素；已知
    covar[j*npred+j] = 1.0 ;
```

至此，所有准备工作已完成。现在处理将保留变量子集（对于第一个变量为空）中已有变量的标识（X 中的列）以及保留变量子集中新增的试验变量标识作为输入的子程序。然后计算并返回与该扩展保留子集相关联的替代准则。因此要执行前向选择，只需针对每个尚未保留的变量调用该子程序，并选择生成最大准则的变量。调用参数列表如下：

```
double newvar_crit (
    int npred ,              //预测矩阵 x 中的预测值个数（列数）
    double *covar ,          //协方差/矩阵（比例 x'x）
    int nkept ,              //截至目前的 x 的列数
    int *kept_columns ,      //截至目前的列
    int trial_col ,          //在保留列新增的试验列
    double *work2 ,          //工作数组
    double *work3 ,          //工作数组
    double *work4 ,          //工作数组
    double *work5 ,          //工作数组
    int *work6               //工作数组
)
```

在上述代码中，变量 npred 作为上节介绍的数学表达式中的 v。工作数组的大小记为之前未出现过的 ncomp。从技术角度，只需 nkept+1 而非 ncomp，但 ncomp 表示保留子集可能

的最大尺寸，这是用户指定的参数。因此在调用程序中，可根据最大可能的子集大小来分配内存，这样就不会出错。

第一步是从预先计算的协方差矩阵中提取 $Z'Z$ 矩阵，并将其置于工作数组 2 中。由于是用一个试验变量来扩展现有的 nkept 变量子集，因此出于评估准则的目的，在此设 nkept+1 个变量。在以下循环中首先获取保留子集中已有的变量，然后将试验变量作为最后一行和最后一列添加到试验矩阵中。

最后，求 $Z'Z$ 的逆矩阵。在稍后介绍的调用程序中，确保整个协方差矩阵非奇异，这反过来又保证了所有子矩阵非奇异。在矩阵是奇异的情况下（由非零返回值表示），这仍是输出的一个好的形式。

```
{
    int i, j, k, irow, new_kept, ret_val ;
    double sum, crit, dtemp ;
    new_kept = nkept + 1 ;
/*
    从 covar 矩阵（实际上是相关矩阵）中提取 Z'Z 矩阵，然后求其逆矩阵
*/
    for (i=0 ; i<new_kept ; i++) {
        if (i < nkept)
            irow = kept_columns[i] ;
        else
            irow = trial_col ;
        for (j=0 ; j<nkept ; j++)
            work2[i*new_kept+j] = covar[irow*npred+kept_columns[j]] ;
            work2[i*new_kept+nkept] = covar[irow*npred+trial_col] ;
    }
    ret_val = invert ( new_kept , work2 , work3 , &dtemp , work4 , work6 ) ;
    if (ret_val) //不应该发生
        return -1.e60 ;
```

此时，工作数组 work3 中包含 $Z'Z$ 的逆，当然该逆矩阵也是对称矩阵。接下来，继续计算准则。

最外层循环（循环 j 次）对式（2.5）进行求和。第一内层循环（循环 i 次）从 covar 矩阵提取式（2.4）中的向量 q。现在就明白为何要提前计算 covar 进行重用了！

```
crit = 0.0 ;
for (j=0 ; j<npred ; j++) { //对论文中式 22 求和
    for (i=0 ; i<nkept ; i++) //将 q 置于 work5
        work5[i] = covar[j*npred+kept_columns[i]] ;
        work5[nkept] = covar[j*npred+trial_col] ;
```

现在计算 j 的外积项，先计算对角线元素，然后是非对角线元素。由于矩阵对称，只需计算下三角元素。计算该三角形元素，然后在添加到求和准则时加倍。

```
    sum = 0.0 ;
```

```
        for (i=0 ; i<new_kept ; i++) //对角线元素
            sum += work5[i] * work5[i] * work3[i*new_kept+i] ;
    crit += sum ;
    sum = 0.0 ;
    for (i=1 ; i<new_kept ; i++) { //下三角求和
        dtemp = work5[i] ;
        for (k=0 ; k<i ; k++)
            sum += dtemp * work5[k] * work3[i*new_kept+k] ;
        }
        crit += 2.0 * sum ; //矩阵对称
    } //j 循环
    return crit ;
}
```

一些读者可能想知道为何为计算 covar，需除以用例数，使其成为协方差/相关矩阵。式（2.5）需要实际的 $Z'Z$ 矩阵。但仔细分析该方程发现，可去除任何尺度变换，对计算准则无影响。

后向细化

后向细化（删除当前保留变量并用其他变量替换）只是对前面所述的前向选择程序的一种改变。尽管有很多代码重复，但还是在此给出完整的子程序，以确保更清楚所执行的操作。调用参数列表如下：

```
double substvar_crit (
    int npred ,              //预测矩阵 x 中预测器的个数（列数）
    double *covar ,          //协方差矩阵（比例 x'x）
    int nkept ,              //截至目前矩阵 x 的列数
    int *kept_columns ,      //截至目前的列数（以 covar 索引）
    int old_col ,            //要被替换的试验列（以 kept_columns 索引）
    int new_col ,            //替换 old_col 的列（以 covar 索引）
    double *work2 ,          //工作数组 ncomp*ncomp
    double *work3 ,          //工作数组 ncomp*ncomp
    double *work4 ,          //工作数组 ncomp*ncomp+2*ncomp
    double *work5 ,          //工作数组 ncomp
    int *work6               //工作数组 ncomp
)
```

上述参数中唯一可能会混淆的是 old_col 和 new_col。前者 old_col 是指可能被替换的变量，因此是当前保留列（kept_columns）列表的索引。后者 new_col 是指替换候选变量，一个可能由 old_col 替换的尚未保留的变量。这是对点积对矩阵 *covar* 的索引。

正如前向选择中所做，从 covar 提取 $Z'Z$ 矩阵。只不过首先要在进行替代之前保持现状。

```
saved_col = kept_columns[old_col] ; //保存，以便完成后还原
kept_columns[old_col] = new_col ;
for (i=0 ; i<nkept ; i++) {
```

```
    irow = kept_columns[i] ;
    for (j=0 ; j<nkept ; j++)
        work2[i*nkept+j] = covar[irow*npred+kept_columns[j]] ;
}
```

求 $Z'Z$ 的逆，即使保证其永远不是奇异矩阵，也需保证万无一失。

```
ret_val = invert ( nkept , work2 , work3 , &det , work4 , work6 );
    if (ret_val) //Shoul
    return -1.e60 ;
```

此处的代码实际上与前向选择的代码完全相同，只是由于未新增试验变量，代码显得更简洁。若对上述代码不理解，参见上一节。最后一步是恢复初始存在的变量。

```
    crit = 0.0 ;
    for (j=0 ; j<npred ; j++) { //对式（2.5）求和
        for (i=0 ; i<nkept ; i++) //将 q 置于数组 work5
            work5[i] = covar[j*npred+kept_columns[i]] ;
        //计算 j 的外积项，首先是对角线元素，然后是对称的非对角线元素
        sum = 0.0 ;
        for (i=0 ; i<nkept ; i++)
            sum += work5[i] * work5[i] * work3[i*nkept+i] ;
        crit += sum ;
        sum = 0.0 ;
        for (i=1 ; i<nkept ; i++) {
            dtemp = work5[i] ;
            for (k=0 ; k<i ; k++)
                sum += dtemp * work5[k] * work3[i*nkept+k] ; //此行代码很耗时
            }
        crit += 2.0 * sum ; //矩阵对称，因此要计算两侧
        } //j 循环
    kept_columns[old_col] = saved_col ; //恢复初始变量
    return crit ;
}
```

若利用上述子程序进行后向细化，需要进行双层循环。外循环尝试当前保留的每个变量，内循环尝试替换当前未保留的域 X 中的每个变量。如果在内循环中得到一个改进准则的替换变量，则执行替换操作。

子程序 SPBR（单通道后向细化）通过在双层循环中调用 substvar_crit()实现了该算法。调用参数列表如下：

```
int SPBR (
    int npred ,            //预测矩阵 x 中预测器的个数（列数）
    int *preds ,           //进入用户指定预测器数据库的索引值
    double *covar ,        //协方差矩阵（比例 x'x）
    int nkept ,            //截至目前矩阵 x 的列数
    int *kept_columns ,    //截至目前的列数（以 covar 索引），如果更好则修改
    double *work2 ,        //工作数组 ncomp*ncomp
    double *work3 ,        //工作数组 ncomp*ncomp
```

```
    double *work4 ,        //工作数组 ncomp*ncomp+2*ncomp
    double *work5 ,        //工作数组 ncomp
    int *work6 ,           //工作数组 ncomp
    double *best_crit      //返回最终的最佳准则
)
```

至此，应该已熟悉上述调用参数，因此将直接分析该程序的内部工作机制。作为一个基准参考，需要确定当前变量子集的准则。当然，刚刚已计算过了，因此可保存该值以避免重新计算。但这会增加算法复杂性，且与双嵌套循环的工作量相比，重新计算一次所增加的计算时间微不足道。所以，在此选择简单性方式。

```
*best_crit = substvar_crit ( npred , covar , nkept , kept_columns , 0 , kept_columns[0] ,
    work2 , work3 , work4 , work5 , work6 ) ;
```

外循环遍历所有当前保留的遍历；old_col 指定正在测试替换的 kept_columns 中的列。对于每个 old_col，计算通过将每个变量（new_col）替换当前变量 old_col 所得的准则。显然，仅针对未在 kept_columns 中的变量执行上述操作才合理。当然不希望同一变量出现两次！

在此，有一个技巧来避免重复操作。在调用上述程序时，通过程序设计可保证 kept_columns 中的最后一项是最近添加或评估的变量。

因此，在执行最后一列时，若没有任何更改，那么对最后一列的操作没有什么意义。正如在本书第 24 页所述，已知这是最佳方法。

```
refined = 0 ; //标记未执行的替换
    for (old_col=0 ; old_col<nkept ; old_col++) { //考虑替换每个变量
    //如果已是最后一个变量，且未进行替换，则结束
    if (old_col == nkept-1 && ! refined)
        break ;
    //测试当前未保留的每个变量
    best_col = -1 ; //若发现对于 old_col 更好的变量，则进行标记
    for (new_col=0 ; new_col<npred ; new_col++) { //对 old_col 进行试验替换
        //若变量 'new_col' 已保留，则忽略
        for (i=0 ; i<nkept ; i++) {
            if (new_col == kept_columns[i]) //该试验变量是否已保存在子集中？
                break ;
            }
        if (i < nkept) //若已保存，则为 True，跳过
            continue ;
        //将变量 'new_col' 临时替换为保留的 'old_col'，并计算准则
        crit = substvar_crit ( npred , covar , nkept , kept_columns , old_col , new_col ,
            work2 , work3 , work4 , work5 , work6 ) ;
        if (crit > *best_crit) { //是否得到改进？
            *best_crit = crit ;
            best_col = new_col ;
            }
        } //对于 new_col（测试未保留变量以替换 old_col 中的变量）
    if (best_col >= 0) { //是否找到针对变量 'old_col' 一个更好的替代
```

```
            kept_columns[old_col] = best_col ; //执行替换操作
            refined = 1 ;
            }
        } //对于 old_col（检查待替换的列）
    return refined ;
    }
```

多线程后向细化

目前为止，后向细化是整个算法中最耗时的步骤。这很显而易见，因为算法中存在一个针对所有当前保留变量的外循环，一个针对所有当前未保留变量的内循环，其中（在 substvar_crit() 中）还有一个遍历域内所有变量的循环，以及评估式（2.5）项的双嵌套循环。总共是 5 层嵌套循环！事实上，在从本书第 10 页开始的 substvar_crit() 代码中，只有一行代码占了总计算时间的绝大部分。因此，如果利用现代多线程处理器的优势，对代码的其余部分进行多线程处理，那么就完全可以进行后向细化。上述就是本节讨论的主题。

值得注意的是，在此讨论的是计算时间。应关注一些读者可能会遇到的一个重要问题。矩阵求逆是一种典型的耗时运算，无论是前向还是后向运算，只要评估准则，就必须反复求 $Z'Z$ 的逆矩阵。本章开头所引用论文的作者提出了一种避免重复逆运算的简洁算法，并不是随着变量添加或替换逐步构建逆矩阵。但在此，采用了庞大的数据集（多达 2000 个变量和 6000 个用例）对该应用程序进行了全面的运行时分析。本人在任何测试中遇到的用于矩阵求逆的绝大部分运行时不到总运行时的千分之一！因此，本人认为没有必要来加快矩阵求逆运算，这毫无意义。

返回到多线程。顺便值得一提的是，对多线程编码（相当复杂）不感兴趣的读者完全可跳过本节。在此只是展示了如何增强上节中介绍的 SPBR() 程序，以将计算分布到并行计算的不同线程中，从而大大加快运算速度。

几乎都是这种情况，不是将大量参数传给线程程序（Windows 下通常不允许），而是将所有必需参数复制到一个数据结构中，然后通过一个作为多线程启动的封装程序将该结构传给线程程序。以下是在此所用的数据结构，以及封装程序：

```
typedef struct {
    int npred ;             //预测矩阵 x 中的预测值（列）个数
    double *covar ;         //协方差矩阵（x'x）
    int nkept ;             //目前为止保留的 x 的列数
    int *kept_columns ;     //截至目前的列数（以 covar 索引），如果更好则修改
    int old_col ;           //要被替换的试验列（以 kept_columns 索引）
    int new_col ;           //替换 old_col 的列（以 covar 索引）
    double *work2 ;         //工作数组 ncomp*ncomp
    double *work3 ;         //工作数组 ncomp*ncomp
    double *work4 ;         //工作数组 ncomp*ncomp+2*ncomp
    double *work5 ;         //工作数组 ncomp
```

```
        int *work6 ;              //工作数组 ncomp
        double crit ;             //计算的准则返回至此处
} FSCA_PARAMS ;
static unsigned int __stdcall substvar_threaded ( LPVOID dp )
{
    ((FSCA_PARAMS *) dp)->crit = substvar_crit (
        ((FSCA_PARAMS *) dp)->npred ,
        ((FSCA_PARAMS *) dp)->covar ,
        ((FSCA_PARAMS *) dp)->nkept ,
        ((FSCA_PARAMS *) dp)->kept_columns ,
        ((FSCA_PARAMS *) dp)->old_col ,
        ((FSCA_PARAMS *) dp)->new_col ,
        ((FSCA_PARAMS *) dp)->work2 ,
        ((FSCA_PARAMS *) dp)->work3 ,
        ((FSCA_PARAMS *) dp)->work4 ,
        ((FSCA_PARAMS *) dp)->work5 ,
        ((FSCA_PARAMS *) dp)->work6 ) ;
    return 0 ;
}
```

这里涉及一个关键问题。每个线程都必须具有一组私有的工作区（work2～work6）和 kept_columns。因此，在分配这些数组时，必须将所需的内存量乘以将要启动的最大线程数。稍后将会分析如何为每个线程分配独立的内存区域。

以下是调用参数列表，与非线程情况相同。另外，还发现对于每个可能的线程，都分配了一个 FSCA_PARAMS 区域和一个线程句柄。

```
static int SPBR_threaded (
    int npred ,              //预测矩阵 x 中预测器的个数（列数）
    int *preds ,             //进入用户指定预测器数据库的索引值
    double *covar ,          //协方差矩阵（比例 x'x）
    int nkept ,              //截至目前矩阵 x 的列数
    int *kept_columns ,      //截至目前的列数（以 covar 索引），如果更好则修改
    double *work2 ,          //工作数组 ncomp*ncomp
    double *work3 ,          //工作数组 ncomp*ncomp
    double *work4 ,          //工作数组 ncomp*ncomp+2*ncomp
    double *work5 ,          //工作数组 ncomp
    int *work6 ,             //工作数组 ncomp
    double *best_crit        //返回最终的最佳准则
)
{
    int i, k, old_col, new_col, best_col, ithread, n_threads, max_threads ;
    int empty_slot, refined, ret_val ;
    double crit ;
    FSCA_PARAMS params[MAX_THREADS] ;
    HANDLE threads[MAX_THREADS] ;
```

根据用户参数 max_threads_limit，设置在此所用的线程数。与非线程情况一样，利用保

留变量的当前子集来评估准则。然后为每个线程设置相同参数，并分配独立的私有工作区和 kept_columns 数组。

```
max_threads = max_threads_limit ;
*best_crit = substvar_crit ( npred , covar , nkept , kept_columns , 0 , kept_columns[0] ,
        work2 , work3 , work4 , work5 , work6 ) ;
for (ithread=0 ; ithread<max_threads ; ithread++) {
    params[ithread].npred = npred ;
    params[ithread].covar = covar ;
    params[ithread].nkept = nkept ;
    params[ithread].kept_columns = kept_columns + ithread * nkept ;
    for (i=0 ; i<nkept ; i++)
    params[ithread].kept_columns[i] = kept_columns[i] ;
    params[ithread].work2 = work2 + ithread * nkept * nkept ;
    params[ithread].work3 = work3 + ithread * nkept * nkept ;
    params[ithread].work4 = work4 + ithread * (nkept * nkept + 2 * nkept) ;
    params[ithread].work5 = work5 + ithread * nkept ;
    params[ithread].work6 = work6 + ithread * nkept ;
} //ithread 循环
```

在上述代码块中，注意每个线程都有各自的 kept_columns，且该数组内容分别复制到各个线程的私有数组中。这是非常必要的，因为 substvar_crit() 会临时更改数组中的内容。另外，还需注意每个线程是如何获得各自的一组独立工作数组。确保正确分配内存！

多线程情况下的外循环与非线程情况下的外循环（SPBR()）相同，只是还需要向上复制列索引，以便替换到每个线程的参数数组中。若不熟悉该代码块，参见 SPBR() 的分析。

```
refined = 0 ; //标记尚未替换
for (old_col=0 ; old_col<nkept ; old_col++) { //考虑替换每个变量
    for (i=0 ; i<max_threads ; i++)
        params[i].old_col = old_col ;
    //若是最后一个变量，且无替换发生，则结束
    if (old_col == nkept-1 && ! refined)
        break ;
best_col = -1 ; //若找到对于 old_col 的一个更好变量，进行标记
```

此时，会变得有些复杂。对于每个 old_col，将多线程处理试验替换变量。初始化为无线程正在运行且所有线程槽为空。

```
n_threads = 0 ; //统计活动线程数
for (i=0 ; i<max_threads ; i++)
    threads[i] = NULL ;
empty_slot = -1 ; //执行完上述操作后，标记刚刚完成的线程
```

另外，初始化第一个 new_col 为未在保留子集中的域内第一个变量。

```
//从未保留的第一个 new_col 开始
new_col = 0 ; //试验替换预测值索引（在 covar 矩阵中）
while (new_col < npred) {
    for (i=0 ; i<nkept ; i++) {
```

```
            if (new_col == kept_columns[i])      //该 new_col 是否已在保留集合中?
                break ;
        }
    if (i == nkept) //若 new_col 尚未保留,则为 True
        break ;
    ++new_col ; //已保留,继续域内下一个变量
    }
```

在此,采用"无限"循环来启动线程并等待执行。循环体中包含多个代码块。首先检查用户是否按下 ESCape 键。如果按下,则将所有正在执行的线程压缩到线程数组开始处的一个连续组内,并等待这些线程执行完成。然后关闭所有句柄,向用户发布一条消息以确认中断程序执行,并返回给调用程序。

```
    for (;;) { //------>主线程循环处理所有试验候选变量
/*
    用户 ESCape 处理程序
*/
    if (escape_key_pressed || user_pressed_escape ()) {
        for (i=0, k=0 ; i<max_threads ; i++) {
            if (threads[i] != NULL)
                threads[k++] = threads[i] ;
            }
        ret_val = WaitForMultipleObjects ( k , threads , TRUE , 50000 ) ;
        for (i=0 ; i<k ; i++)
            CloseHandle ( threads[i] ) ;
    audit ( "ERROR: User pressed ESCape during FSCA" ) ;
    return 0 ;
```

无限循环中的下一个代码块是线程启动程序,只有在下一个试验替换列 new_col 仍在竞争域时才执行。初始化 empty_slot 为-1,当填充线程槽(执行线程)时保持不变。在所有线程都运行且一个线程完成后,该线程槽(现在可重用)分配给 empty_slot。不管是哪种情况,都让 k 作为将要启动的线程槽。此时必须设置的唯一参数是 new_col,即试验替换变量。现在启动线程,并为出现罕见但可能的启动错误做好应对措施。

```
    if (new_col < npred) { //如果还需要进行一些操作
        if (empty_slot < 0) //在开始填充队列时为负
            k = n_threads ;
        else
            k = empty_slot ;
        params[k].new_col = new_col ;
        threads[k] = (HANDLE) _beginthreadex ( NULL , 0 , substvar_threaded , &param s[k] , 0 , NULL ) ;
        if (threads[k] == NULL) {
            //提醒用户这一罕见且严重的问题
            for (i=0 ; i<n_threads ; i++) { //关闭所有正在运行的线程
                if (threads[i] != NULL)
```

```
                CloseHandle ( threads[i] ) ;
            }
        return 0 ;
        }
    ++n_threads ;
    ++new_col ;
    //如果已保留该变量 'new_col'，则跳过
    while (new_col < npred) {
        for (i=0 ; i<nkept ; i++) {
            if (new_col == kept_columns[i])
                break ;
            }
        if (i == nkept) //如果尚未保留 new_col，则为 True
            break ;
        ++new_col ;
        }
    } //if (new_col < npred)
```

　　线程启动后，启动程序立即返回。运行线程计数器 n_threads 加 1，并将 new_col 置于尚未保留子集中的下一个变量。

　　在上述无限循环的某个时刻，必须查看是否不再有任何线程正在运行，如果这样的话，就退出循环。以下是设置的检查代码。

```
if (n_threads == 0) //是否已完成?
    break ;
```

　　下一代码块是处理正在运行的整个线程，一旦某一线程完成，就可以添加更多线程。在此等待线程结束。等待程序返回刚刚完成的线程索引。本书第 13 页给出的封装程序将计算得到的准则置于参数结构体的 crit 成员中，因此可获取该值并查看是否设置了新记录。如果是的话，就更新记录并保存产生该记录的变量。最后，设置该线程槽可重用（empty_slot），关闭线程，将其句柄指针设置为 NULL，并使得运行线程计数器减 1。

```
if (n_threads == max_threads && new_col < npred) {
    ret_val = WaitForMultipleObjects ( n_threads , threads , FALSE , 500000 ) ;
    if (ret_val == WAIT_TIMEOUT || ret_val == WAIT_FAILED ||
        ret_val < 0 || ret_val >= n_threads) {
        //通知用户这一罕见且严重的问题
    return 0 ;
        }
crit = params[ret_val].crit ;
if (crit > *best_crit) {
    *best_crit = crit ;
    best_col = params[ret_val].new_col ;
}
    empty_slot = ret_val ;
    CloseHandle ( threads[empty_slot] ) ;
```

```
        threads[empty_slot] = NULL ;
        --n_threads ;
    }
```

循环中的最后一个代码块处理的情况是，所有必需的操作都已开始，现在只需等待所有线程完成。在此需针对等待程序可能出现罕见错误做好万全准备。当所有线程完成时返回。遍历所有线程，查看其准则是否设置了任何新记录，并跟踪最佳列。另外，还必须关闭线程句柄以释放系统资源。

```
else if (new_col >= npred) {
    ret_val = WaitForMultipleObjects ( n_threads , threads , TRUE , 500000 ) ;
    if (ret_val == WAIT_TIMEOUT || ret_val == WAIT_FAILED ||
        ret_val < 0 || ret_val >= n_threads) { //通知用户这一罕见且严重的问题
        return 0 ;
    }
    for (i=0 ; i<n_threads ; i++) {
        crit = params[i].crit ;
        if (crit > *best_crit) {
            *best_crit = crit ;
            best_col = params[i].new_col ;
        }
        CloseHandle ( threads[i] ) ;
    }
    break ; //已完成
} //为所有试验 new_col 计算准则线程的无限循环
```

上述就是整个循环过程。初始化 best_col 为-1，若现在为非负，则更新 kept_columns 的主副本，以及所有线程副本，并标记为经过优化。

```
if (best_col >= 0) { //是否找到一个可很好替换 old_col 的变量
    kept_columns[old_col] = best_col ;
    for (ithread=0 ; ithread<max_threads ; ithread++) {
        for (i=0 ; i<nkept ; i++)
        params[ithread].kept_columns[i] = kept_columns[i] ;
    }
    refined = 1 ;
}
} //对于 old_col（检查待替换的列）
return refined ;
}
```

有序成分正交化

如果执行严格的前向选择，从不进行后向细化，那么所选变量是按重要性排序的，从最重要的变量开始，然后按重要性递减顺序排列，前提是已知所有先前变量的值。即使执行后向细化会破坏排列顺序，但仍可以对子集中所选变量进行排序。在许多应用程序中，排序是一条有用信息。

在应用程序中可直接使用所选变量的原始值，无论是作为模型预测值还是出于任何其他用途。之前已表明（也是众所周知的），通过原始变量的线性组合推导计算得到的新成分变量具有正交的优点。除此之外，这意味着这些成分变量是完全不相关的，这一特性有助于许多模型训练系统。同时也意味着变量中不包含冗余信息（至少是线性项）。这有时更易于解释各成分变量的作用。

因此，需要一种方法，计算所选子集中的新成分变量，使之正交，且保持重要性排序（从变量完备域中得到方差）。

好在现有一种简单方法：Gram-Schmidt 正交化法。在此将采用该方法的常用改进方法，即从数学上等效于原方法，但在可能出现小的浮点误差情况下，可大大提高数值计算的稳定性。另外，还将成分变量标准化为零均值和单位标准差。

具体工作过程如下：将第一个成分变量定义为第一个选定变量，但需按单位长度（并非单位标准差）进行缩放。要获取第二个成分变量，先复制第二个选定变量。确定其在第一个成分变量上的投影，并从中减去投影长度，再标准化为单位长度。要获取第三个成分变量，先复制第三个选定变量。减去其在第一个成分变量上的投影长度，再减去在第二个成分变量上的投影长度。由于前两个成分变量正交，因此第二次减去长度不会破坏第一次减去所建立的正交性。将第三个成分变量归一化为单位长度。依此类推：对于每个新的成分变量，复制其相应的有序变量，然后减去其在每个已计算成分变量上的投影，并归一化为单位长度。对所有成分变量执行完上述操作后，通过乘以用例数的平方根，将这些成分变量重新缩放为单位标准差。尽管最后的标准化操作并非必需，但会使得结果友好，而不是非常小的值，甚至在许多程序中无法正常输出。

以下是简单的调用参数列表。输入矩阵和输出矩阵为同一数组是允许的，在这种情况下，输出会覆盖输入。

```
int GramSchmidt (       //正常返回 0，如果 ncols 不是满秩，则返回 1
    int nrows ,         //输入/输出矩阵中的行数
    int ncols ,         //列数
    double *input ,     //输入矩阵，未更改
    double *output      //正交化矩阵的输出；可覆盖输入
)
```

第一步是将第一个输入列复制到第一个输出列，并归一化为单位长度。

```
sum = 0.0 ;
for (irow=0 ; irow<nrows ; irow++) { //执行第一列
    dtemp = input[irow*ncols] ;
    output[irow*ncols] = dtemp ;
    sum += dtemp * dtemp ;
    }
sum = sqrt ( sum ) ;
```

```
    if (sum == 0.0)
        return 1 ;
    for (irow=0 ; irow<nrows ; irow++)
    output[irow*ncols] /= sum ;
```

现在处理其余列。对于每个新列 icol，首先将其从输入复制到输出。内循环使得这一新列与所有先前输出列正交。在内循环的每一步中，首先累计新列在 inner 列上的投影长度之和。注意，前面所有列都已归一化为单位长度，因此无需归一化投影长度。内循环中的第二步是从 icol 列中减去其在 inner 列上的投影，从而使得 inner 列与 icol 列正交。最后，将新列 icol 归一化为单位长度。

```
for (icol=1 ; icol<ncols ; icol++) {
    for (irow=0 ; irow<nrows ; irow++)       //将 icol 列从输入复制到输出
        output[irow*ncols+icol] = input[irow*ncols+icol] ;
    for (inner=0 ; inner<icol ; inner++) {   //使得 icol 与所有先前输出列正交
        sum = 0.0 ;
        for (irow=0 ; irow<nrows ; irow++)       //计算输出 icol 和 inner 的点积
            sum += output[irow*ncols+icol] * output[irow*ncols+inner] ;
        for (irow=0 ; irow<nrows ; irow++)           //从 icol 中减去其在 inner 上的投影
            output[irow*ncols+icol] -= sum * output[irow*ncols+inner] ;
    }
//使得输出列为单位长度
    sum = 0.0 ;
    for (irow=0 ; irow<nrows ; irow++) {     //求 icol 列的平方长度之和
        temp = output[irow*ncols+icol] ;
        sum += dtemp * dtemp ;
    }
    sum = sqrt ( sum ) ;                  //现在为实际长度
    if (sum == 0.0)
        return 1 ;
    for (irow=0 ; irow<nrows ; irow++)           //归一化为单位长度
        output[irow*ncols+icol] /= sum ;
    }
    return 0 ;
}
```

综合应用

现在已分析了执行前向选择和可选后向细化的所有核心程序。接下来，讨论如何综合应用来生成完成此任务的单个程序。在此仅给出大量代码段而不会显示完整程序，因为其中包含了许多分散注意力的问题，如用户界面和错误处理等。

第一个问题是变量域的标准化。所有变量以零均值为中心是算法的关键。尽管无需缩放到单位方差，事实上，本章开头引用论文的作者也未执行该操作。但个人认为在大多数应用中，变量的方差只不过是人为设定的一种度量指标，因此只是一个造成困惑的信息源。为此，在此选择重新缩放所有变量，使之出于一种平等地位。如果想让这些变量保持初始比例，以便在选择过程中赋予成比例的权重，也完全可以。但即使这样，也必须确保没有任何变量在所有情况下都是常量。一个常量变量往往会导致严重后果，更不用说即使存在也毫无意义。

为清晰给出前面一系列代码中出现的众多变量的内存需求，下面给出具体分配情况。

```
x = (double *) MALLOC ( n_cases * npred * sizeof(double) ) ;
kept_x = (double *) MALLOC ( n_cases * ncomp * sizeof(double) ) ;
cumulative = (double *) MALLOC ( npred * sizeof(double) ) ;
covar = (double *) MALLOC ( npred * npred * sizeof(double) ) ;
eigen_evals = (double *) MALLOC ( npred * sizeof(double) ) ;
eigen_structure = (double *) MALLOC ( npred * npred * sizeof(double) ) ;
work1 = (double *) MALLOC ( n_vars * sizeof(double) ) ;
work2 = (double *) MALLOC ( max_threads * ncomp * ncomp * sizeof(double) ) ;
work3 = (double *) MALLOC ( max_threads * ncomp * ncomp * sizeof(double) ) ;
work4 = (double *) MALLOC ( (max_threads * ncomp * ncomp + 2 * ncomp) *sizeof(double) ) ;
work5 = (double *) MALLOC ( max_threads * ncomp * sizeof(double) ) ;
work6 = (int *) MALLOC ( max_threads * ncomp * sizeof(int) ) ;
kept_columns = (int *) MALLOC ( max_threads * ncomp * sizeof(int) ) ;
```

在上述内存分配中，MALLOC()是本人编写的错误检查内存分配程序，位于 MEM64.CPP 文件中；如果喜欢冒险，可用 malloc()代替。在矩阵 *X* 中有 n_cases 行和 npred 列（work1 数组要大于—n_vars—，具体原因稍后分析）。用户指定保留尽可能多的 ncomp 成分变量，并在尽可能多的 max_threads 线程上进行后向细化。

在此略过标准化代码，并提醒读者协方差（由于标准化而具有相关性）矩阵的计算见本书第 8 页。直接开始计算相关矩阵的特征值和向量。尽管对于本程序而言并不是必需的，但由于可为用户提供三个有用结果，因此最好还是执行。首先，计算正的特征值个数，并据此来限制要计算的成分变量个数。如果正的特征值个数少于用户要求的成分变量个数，则必须减少成分变量个数，因为变量矩阵的秩不足以支持这么多个正交变量。其次，如果计算特征值的累积和，可为用户输出特征向量的有序方差大小（如果不清楚，参见主成分分析的相关介绍）。最后，输出数据矩阵的特征向量。这可能信息量较大且不是令人很感兴趣，但在一些应用中，分析特征向量非常具有启发性。上述过程的代码如下：

```
evec_rs ( covar , npred , 1 , eigen_structure , eigen_evals , work1 ) ;   //EVEC_RS.CPP
sum = 0.0 ;
n_unique = 0 ;                    //计算独立变量
for (i=0 ; i<npred ; i++) {       //显示累积特征值
    if (eigen_evals[i] < 0.0)     //极少出现；只在出现微小的 fpt 错误时发生
        eigen_evals[i] = 0.0 ;
    if (eigen_evals[i] > 1.e-9)   //是任意设置的，但也相对合理
        ++n_unique ;
    sum += eigen_evals[i] ;
    cumulative[i] = sum ;
```

```
    }
  for (i=0 ; i<npred ; i++)              //计算百分比
    cumulative[i] = 100.0 * cumulative[i] / sum ;
```

由本书第 7 页可知，选择第一个变量的准则是候选变量与所有其他变量的均方相关性，许多用户都希望得到这些值的表格。接下来是具体计算过程。注意，在计算 covar 时，只计算了下三角，因为这正是 evec_rs() 所需的。但此处的准则程序需要整个矩阵的值，因此需要将下三角复制到上三角。

```
  for (j=1 ; j<npred ; j++) {            //复制到上三角（covar 对称）
    for (k=0 ; k<j ; k++)
      covar[k*npred+j] = covar[j*npred+k] ;
    }
  for (i=0 ; i<npred ; i++) {            //对于每个变量
    crit = newvar_crit ( npred , covar , 0 , kept_columns , i ,
      work2 , work3 , work4 , work5 , work6 ) ;
    crit = (crit - 1.0) / (npred - 1) ;  //包括与自身的相关性
    if (i == 0 || crit > best_sum) {     //如果满足，寻找相关性最大的变量
      best_sum = crit ;
      best_column = i ;                  //选择第一个变量
      }
    }
  //如果需要，为用户输出准则（均方相关性）
    }
```

在整个过程中，需要求 $Z'Z$ 矩阵的逆，因此必须确保协方差矩阵是非奇异的，这也保证所有子矩阵都是非奇异的。在此减少足够的相关性，以确保最小特征值为正。实际上仅执行一次循环就已足够。

```
  while (eigen_evals[npred-1] <= 0.0) {  //只需执行一次
    for (j=1 ; j<npred ; j++) {
      for (k=0 ; k<j ; k++) {
        covar[j*npred+k] *= 0.99999 ;
        covar[k*npred+j] = covar[j*npred+k] ;
        }
      }
    evec_rs ( covar , npred , 1 , eigen_structure , eigen_evals , work1 ) ;
```

现在开始执行循环，采用前向选择和可选后向细化算法来构建选定变量子集。计算 nkept 中的保留变量。在上述代码中，已找到最佳变量，即所选的第一个变量。接下来进行详细解释。

```
  nkept = 1 ;                  //统计保留变量；除病态用例外，将达到 ncomp
  kept_columns[0] = best_column ;
  best_crit = -1.e50 ;
  while (nkept < ncomp) {      //还需要保留更多成分变量
    best_column = -1 ;         //若得到一个好的列，则进行标记
```

```
    for (icol=0 ; icol<npred ; icol++) {      //尝试所有列（预测值）
                            //如果已选择该列，则跳过
        for (i=0 ; i<nkept ; i++) {
            if (kept_columns[i] == icol)        //是否已在保留变量集中？
                break ;
            }
        if (i < nkept)            //若已在保留变量集，则为 True
            continue ;
        crit = newvar_crit ( npred , covar , nkept , kept_columns , icol ,
                work2 , work3 , work4 , work5 , work6 ) ;
        if (crit > best_crit) {        //是否刚刚为该变量设置一个新记录？
            best_crit = crit ;        //更新目前为止最佳变量
            best_column = icol ;      //跟踪目前为止最佳变量
            }
        }                          //对于 icol，找到要添加到保留变量集中的最佳变量
    kept_columns[nkept] = best_column ;        //将该变量添加到保留变量集
    ++nkept ;                      //保留变量计数
    if (type == 3) {              //如果需要，执行后向细化
        if (max_threads > 1)
            while (SPBR_threaded ( npred , preds, covar , nkept , kept_columns ,
                work2 , work3 , work4 , work5 , work6 , &crit )) ;
        else
            while (SPBR ( npred , preds, covar , nkept , kept_columns ,
                work2 , work3 , work4 , work5 , work6 , &crit )) ;
    }
} //当 nkept<ncomp 时
```

除循环末尾处的可选后向细化操作之外，上述代码都非常简单。如果用户请求采用多线程，则将调用优化程序的多线程版本。否则，调用单线程版本。

其中重要的是在 while() 循环中调用后向细化。如果查看从第 12 页开始的 SPBR() 代码或下一节中的线程版本，将会发现如果保留变量集中的任何变量被替换，程序返回 1，否则返回 0。如果一个变量被替换，之前拥有该变量的另一个变量也可能被替换。因此，需要重复执行替换过程，直到完全没有替换发生。

现在需要详细解释第 12 页关于后向细化的一个可能难以理解的断言。当时断言，当测试最后一个变量是否可能替换时，如果此时还没有发生替换，那么就可以跳过测试最后一个变量。在添加一个新变量后第一次调用 SPBR() 时，这显而易见：最后一个变量肯定认为是最佳的，因此显然无需替换。

但可能不太清楚是否仍适合在 while() 循环中继续调用 SPBR()。一旦完成第一次调用 SPBR()，就需要考虑此时的状态。要么在最后一列之前发生替换，在这种情况下，最后一列也需测试并在满足情况下进行替换，要么之前没有发生替换，且子集仍与调用 SPBR() 时相同。若是前者，最后一列现在就是最佳变量，若是后者，SPBR() 返回零，因此不再执行任何

调用。综上，每次 SPBR()完成后，就已知最后一列是最佳变量，且递归成立。

此时已有一个前向选择变量子集，可能也同时进行了后向细化。无论是如何实现的，都需要这些选定变量的 $Z'Z$ 矩阵。这只是一组简单的点积集合，与第 8 页代码中的结果完全相同，只是使用了所有变量并除以用例个数以得到协方差/相关矩阵。在此只使用保留变量集，而未执行除法。如果有不清楚的地方，参见 FSCA.CPP 文件。

仅前向选择子集的成分变量

根据变量子集选择过程中是否采用后向细化，计算成分变量的最后一步是不同的。从数学上，没有任何区别，但在实际应用中，处理方式有所不同。

处理方式不同的原因是，如果采用严格的前向选择，需保持所选变量的顺序：第一个变量具有整个变量域的最大方差，依此类推，以方差大小进行降序排列。如果已有这一顺序，那么就需按此顺序保存所计算的成分变量。在本书第 19 页对此进行了讨论。因此，需要从变量域中复制选定的变量，并进行适当的 Gram-Schmidt 正交化。该子程序是将各列归一化为单位长度，但在此需要的是单位标准差（尽管是首选项，但这是一个好的选项）。为此，需要再乘以用例数的平方根，来重新缩放成分变量。

```
for (i=0 ; i<n_cases ; i++) {
    for (j=0 ; j<nkept ; j++)
        kept_x[i*nkept+j] = x[i*npred+kept_columns[j]] ;
}
GramSchmidt ( n_cases , nkept , kept_x , kept_x ) ;
dtemp = sqrt ( (double) n_cases ) ;
for (i=0 ; i<n_cases ; i++) {
    for (j=0 ; j<nkept ; j++)
        kept_x[i*nkept+j] *= dtemp ;
}
```

现在，在 kept_x 中已具有标准化的正交有序成分变量。非常好，这对于许多用户来说可能已足够了。但还需再进行一个操作：计算将标准化的原始变量转换为成分变量的系数。许多用户可能会对此很好奇，甚至许多人希望利用该系数来计算相同变量组成的新数据集中的共用成分变量，例如，在通过训练集确定成分变量权重后创建一个样本之外的测试集。接下来，就来讨论如何实现。

在此，采用常规的线性回归方法来求解系数。具体是一种简单的矩阵求逆方法，而非一些诸如奇异值分解的复杂方法。确定 $Z'Z$ 矩阵是非奇异的，因此可对其求逆，所花费的时间与构建子集的计算时间相比微不足道。现设置：

Z 为所选标准化变量矩阵 n_cases*nkept

M 为正交化成分变量矩阵 n_cases*nkept

现在希望得到权重矩阵 B，可通过式（2.6）所示的简单线性变量由 M 和 Z 计算得到。

$$M = ZB \tag{2.6}$$

上述问题可由式（2.7）给定的常用最小二乘法求解。

$$B = (Z^{T}Z)^{-1}Z^{T}M \tag{2.7}$$

由于 Gram-Schmidt 方法是一个线性变换过程，因此原始数据的预测值也是正交的，除了极小的浮点数误差之外。具体实现代码如下：

```
invert ( nkept , covar , work2 , &dtemp , work4 , work6 ) ; //Inverse goes into work2
for (i=0 ; i<nkept ; i++) { //计算 work3 中的 Z'M
    for (j=0 ; j<nkept ; j++) {
        sum = 0.0 ;
        for (k=0 ; k<n_cases ; k++)
            sum += x[k*npred+kept_columns[i]] * kept_x[k*nkept+j] ; //x 为 Z，kept_x 为 M
        work3[i*nkept+j] = sum ;
        }
    }
for (i=0 ; i<nkept ; i++) { //两个矩阵相乘得到系数矩阵 B
    for (j=0 ; j<nkept ; j++) { //执行 work4
        sum = 0.0 ;
        for (k=0 ; k<nkept ; k++)
            sum += work2[i*nkept+k] * work3[k*nkept+j] ; //Z'M work2 中是逆矩阵，work3 是 Z'M 矩阵
        work4[i*nkept+j] = sum ;
        }
    }
```

后向细化子集的成分变量

如果在子集生成过程中采用后向细化，那么就会打乱变量顺序。选择的第一个（初始最优）变量甚至可能没有经过优化！在实际应用中，这会改变处理生成成分变量的方式。

本章开头引用论文的作者采取了一种相对合理的方法。将所选变量子集看作一个变量域，并对此仅进行前向选择，然后执行上节中介绍的 Gram-Schmidt 正交化。由此可得到根据所得方差进行排序的正交成分变量。不过，这种排序只与选定变量子集有关，而与原始变量域无关。当然，选定变量子集是完全合理的也是最优的，因此从中导出的方差顺序也是合理的。

不过，个人观点（完全是一种观点）是这可能会误导用户。毕竟，经常会发生从变量域得到的单个最优变量与由后向细化从选定变量子集中得到的单个最优变量完全不同的情况。很显然，这种偏差正是产生于准则之下。在极端情况下，可能会发生在整个变量域选择的许多由前向选择的最佳变量并未出现在执行后向细化的前向选择变量子集中。后向细化变量的顺序（即使是执行前向选择后得到的）会让人在某种程度上不知所措。因此，这很容易误导用户。

出于上述原因，在此采取了一种完全不同的方法从一个执行后向细化的集合中计算有序

正交成分变量。计算所选变量子集的主成分变量。第一个成分变量具有所选变量子集中最大的方差，第二个成分变量具有次大的方法，依此类推，由此进行排序。但这种排序与变量无关。因此，这是按本章开始时讨论的直觉来执行的：只利用整个域的一个较小子集来计算数据集的主成分变量。

下面是具体实现代码。注意，之前已在 covar 中计算了 Z'Z。但在此需要一个协方差/相关矩阵，因此必须除以用例个数。特征结构程序只需要这个对称矩阵的下三角。然后计算特征结构，并根据用户要求，计算连续主成分变量构成的整个域总方差的累积百分比。如第 21 页所述，在该过程之初已计算了 n_unique。

```
for (j=0 ; j<nkept ; j++) {
    for (k=0 ; k<=j ; k++)
        covar[j*nkept+k] /= n_cases ;
    }
evec_rs ( covar , nkept , 1 , eigen_structure , eigen_evals , work1 ) ;
sum = 0.0 ;
for (i=0 ; i<nkept ; i++) {          //显示累积特征值
    if (eigen_evals[i] < 0.0)        //很少发生，如果有的话，只在微小的 fpt 错误时发生
        eigen_evals[i] = 0.0 ;
    sum += eigen_evals[i] ;
    cumulative[i] = sum ;
    }
for (i=0 ; i<nkept ; i++)      //计算百分比
    cumulative[i] = 100.0 * cumulative[i] / n_unique ;
```

对于特征向量，可进行两种不同的操作，每个特征向量（矩阵中的一列）都通过 evec_rs() 归一化为单位长度。如果将每个特征向量都除以其相应特征值的平方根，就可得到计算标准化为单位方差的成分变量的权重。在上节已成功计算了权重，在此也同样执行。然而，如果未对每个特征向量除以其相应特征值的平方根，就会得到该特征向量与相应变量之间的相关性。这样可为用户提供更多信息，如果用户需要标准化的成分变量，则可通过将相关性除以特征值来计算权重。综上，个人倾向于输出相关性。读者可根据情况自行选择。

人工变量示例

现在，给出一个应用两种算法（严格前向选择，和结合后向细化的前向选择）的示例。在本例中，采用以下 9 个变量：

RAND1—RAND6 独立（自身且相互之间）随机时间序列

SUM12=RAND1+RAND2

SUM34=RAND3+RAND4

SUM1234=SUM12+SUM34

在 VarScreen 中按严格排序（无细化）选项运行 FSCA 算法，首先得到输出结果如下：

Eigenvalues, cumulative percent, and principal component factor structure					
Eigenvalue	2.988	1.986	1.052	1.015	0.987	0.972
Cumulative	33.195	55.263	66.957	78.240	89.203	100.000
RAND1	0.4835	0.4964	-0.6476	-0.1497	-0.1080	-0.2576
RAND2	0.4597	0.5206	0.6390	0.1478	0.1037	0.2770
RAND3	0.5246	-0.4808	-0.0470	-0.2077	0.6690	-0.0271
RAND4	0.5175	-0.4859	0.0620	0.2194	-0.6661	0.0240
RAND5	-0.0198	-0.0198	-0.4669	0.4999	0.1474	0.7139
RAND6	0.0020	0.0260	0.0233	0.7937	0.2265	-0.5635
SUM12	0.6800	0.7331	-0.0090	-0.0021	-0.0036	0.0128
SUM1234	0.9997	0.0239	0.0012	0.0040	0.0003	0.0073
SUM34	0.7331	-0.6800	0.0104	0.0076	0.0039	-0.0023

域中共有 9 个变量，但程序表明只有 6 个独立变量源。这并不奇怪，因为有 3 个求和变量是其他变量的组合。根据所计算的成分变量必须独立这一定义，程序限定只有 6 个变量。

第一个成分变量占整个数据集中总方差的三分之一，且与 SUM1234 几乎完全相关，与 SUM12 和 SUM34 高度相关，与 RAND1～RAND4 相对高度相关，与 RAND5 或 RAND6 完全不相关。这很正常。

第二个成分变量是 RAND1 和 RAND2 与 RAND3 和 RAND4 之间的对比。结合第一个成分变量，得到总方差的 55%。其余成分变量是其他变量与 RAND5 和 RAND6 的对比。

接下来，得到域内每个变量与所有其他变量的均方相关性列表：

Mean squared correlation of each variable with all others	
RAND1	0.091
RAND2	0.088
RAND3	0.096
RAND4	0.095
RAND5	0.000
RAND6	0.000
SUM12	0.181
SUM1234	0.248
SUM34	0.191

不出意外，RAND1～RAND4 及其各种求和变量具有正的均方相关性，而 RAND5 和 RAND6 相关性为零。

最后，得到从子集中所选的 6 个变量计算 6 个成分变量所需的系数表。并按重要性顺序排列这些变量。注意，每个成分变量仅依赖于相应的有序变量和所有之前选择的变量。这是第 19 页介绍的 Gram-Schmidt 正交化过程的直接结果。该表是根据第 24 页的算法计算而得的最终 work4 中的结果。

Variable	1	2	3	4	5	6
SUM1234	1.0000	-0.9730	0.0181	0.0106	0.0047	-1.4045

SUM12	-0.0000	1.3953	-0.9696	-0.0091	-0.0131	0.9888
RAND2	0.0000	-0.0000	1.3842	-0.0129	0.0380	-0.0081
RAND6	0.0000	0.0000	-0.0000	1.0001	-0.0169	-0.0071
RAND5	0.0000	-0.0000	0.0000	0.0000	1.0007	-0.0017
RAND4	-0.0000	0.0000	-0.0000	-0.0000	-0.0000	1.4188

由以上可知，再现整个域的值的最佳单变量是 SUM1234，这是域内其他四个变量之和，且第一个成分变量就是该变量（系数为 1.0，而其他所有系数均为 0.0）。

选择的第二个变量是另一个求和变量，相应的成分变量的值计算为该求和变量乘以 1.3953，再减去之前选择变量乘以 0.9730。

选择的第三个变量是一个类似加权和，主要是基于 RAND2。接下来的两个成分变量基本上等于两个完全独立的变量 RAND6 和 RAND5。注意，这两个变量的系数几乎为 1，而其他所有系数几乎为 0。最后一个成分变量是其他变量的一个复杂组合。

接下来，利用同样的变量域来演示另一种 FSCA 算法，即前向选择和后向细化相结合。最初输出的信息（特征结构和均方相关性）与之前的示例完全相同，因此将直接跳到主要部分，即添加和替换变量的日志：

```
Commencing stepwise construction with SUM1234
Added SUM12 for criterion=4.973085
    Replaced SUM1234 with SUM34 to get criterion = 4.973123
Added RAND2 for criterion=6.011605
    Replaced SUM12 with RAND1 to get criterion = 6.011623
Added RAND6 for criterion=7.011701
Added RAND5 for criterion=8.010402
Added RAND4 for criterion=8.999919
    Replaced SUM34 with RAND3 to get criterion = 8.999940
```

与上述示例一样，选择的第一个成分变量是 SUM1234。然后如上例所示添加 SUM12（两个选项都会选择相同的前两个变量）。但接下来的是一些重要内容：SUM1234 替换为 SUM34，这是一个 SUM12 和 SUM34 的双变量集。对于本人而言，这比 SUM1234 和 SUM12 更好。

然后添加 RAND2，这会立即触发以 RAND1 替换 SUM12。之后，再添加两个完全独立的变量 RAND6 和 RAND5。最后，添加 RAND4，触发以 RAND3 替换 SUM34。最终结果如下：

Eigenvalue	1.056	1.023	1.002	0.988	0.983	0.948
Cumulative	17.600	34.646	51.343	67.811	84.194	100.000
RAND3	0.2269	0.5167	0.2772	0.5747	-0.5221	-0.0431
RAND1	0.5751	0.0508	-0.1047	0.3593	0.5829	0.4322
RAND2	-0.6877	0.0094	0.1597	0.2264	0.0044	0.6709
RAND6	-0.0862	-0.6254	0.4725	0.4844	0.1757	-0.3357
RAND5	0.4228	-0.5366	0.1187	-0.2014	-0.5355	0.4381
RAND4	0.1210	0.2723	0.8070	-0.4496	0.2300	0.0702

　　最后的选定变量集从直观上更优于严格排序算法的结果，因为只包括单个随机变量，而不包含各种求和变量。鉴于替换破坏了子集中的成分变量顺序，那么仅计算成分变量作为最终子集的主成分变量更有意义。值得注意的是，特征值几乎相等，意味着成分变量也没有严格顺序，这正是变量本身相互独立时所期望的。另外还需注意，表中的值是成分变量与变量之间的相关性，可通过将每列除以第一行的特征值来转换为权重。

第**3**章
局部特征选择

算法概述

最常见的特征选择算法主要是倾向于在特征集的整个域中至少具有某种预测性的特征。这种预测性可能是非线性的，且可能与其他特征相互作用，但如果这种预测性与目标变量的关系特性在所有候选特征的所有可能值域内至少保持一致，那么这种预测因子将比强大但仅是局部预测的候选具有显著优势。

这种全局性预测可能是一个主要问题，因为现代非线性模型可从变量中获得大量有用的预测信息，这些变量的作用仅限于整个域内的一个小区域，或者其预测关系在域内会发生显著变化。但是，如果预测因子选择算法无法找到这样的变量，而是着重于寻找更多的全局候选变量，那么就可能丢失有价值的信息。

例如，考虑一个简单的异或问题。假设现有两个标准正态随机变量，并定义了两个类。如果两个变量都为正或都为负，则该实例是类 1 的成员，而如果一个变量为正，另一个变量为负，则属于类 2。这一分类问题可利用一个简单规则得到准确率为 100%的解，即使是现代非线性模型也很容易地达到近乎完美的性能。但如果用许多毫无价值的其他预测候选来扩张这两个变量，然后试图识别这两个真正的预测因子，那么许多复杂的预测因子选择算法都无法确定。不仅两个变量在两个类中的边际分布完全相同，而且每个变量与类的关系完全取决于另一个变量的值，且这种关系在整个域内都是相反的。这是一个非常棘手的问题。

同样的问题也会出现在更接近实际的应用中。例如，股市预测中的一个常见现象是，某些指标族在市场波动较低时具有相当强大的预测能力，但在市场波动较高时却变得毫无用处。这是由于数据集中存在大量波动性高的数据，削弱了这些变量的预测能力，并可能使其他优秀指标在竞争中处于劣势。这种问题也会出现在许多其他应用中。例如，根据患者的年龄、体重以及潜在的大量其他未知因素，药物治疗的效果可能会所有不同。自动驾驶汽车控制系统对车辆和行人的识别取决于某些环境中至关重要的特征和其他条件下的注意力分散程度。因此，需要一种特征选择算法，根据特征域中的位置，对物体来、去甚至反向的预测能力非常敏感。

在建模方面，可通过采用复杂的非线性模型来处理大规模预测因子集中的不一致特性（容易过拟合！），或者在不同条件下使用不同模型（假设已知如何定义这些条件！）。但在搜索预测候选的预建模阶段。希望有一种预测因子选择算法，可以自动判定这种条件相关的特性，并确定功能强大的预测因子，即使这仅是一种局部能力。

由 Narges Armanfard、James P.Reilly 和 Majid Komeili 在《数据分类的局部特征选择》（IEEE Transactions 模式分析与机器智能学报，2016 年 6 月）一文中提出的特征选择算法非常满足上述需求。接下来，简要概述其工作原理。

特征选择有很多方法。毫无疑问，想必读者已了解一些基于互信息和不确定性减少的方法，这些技术在检测高度非线性关系方面非常有效。另外其他一些方法本质上是训练预测模型，并通过智能选择模型输入来进行特征选择。早期的判别分析方法是在预测因子高度相关时利用马氏（Mahalanobis）距离来确定最大分割维度，并最优考虑相关性。在此介绍的 LFS（局部特征选择）算法是基于另一种方法，即一种类似于最近邻分类的概念，只是复杂度更高。

首先从一个简单示例开始。现要预测在大学期间是否能够顺利毕业，将学生分为两类：顺利毕业一类和辍学一类。在分析数据集中，提供了针对每个学生的四种候选预测因子观测值，并将这些值标准化（均值为 0，标准差为 1），使之变化处于一个公平竞争环境中。这些候选预测因子是：

（1）SAT（学业能力倾向测试）成绩。

（2）高中各科成绩平均绩点（GPA）。

（3）拇指周长除以食指周长。

（4）学生出生年月日。

假设随机选取两名学生，都属于顺利毕业类。对于上述四种特征中的每一个，想要观察这两名顺利毕业的学生在预测值上平均差。由于这两名学生属于同一类，每个候选预测因子的期望差相对较小。但如果假设随机选取的两名学生，一个属于顺利毕业类，一个属于辍学类，这两名学生在第三和第四候选预测因子上的期望差与"同一类"学生的期望差大致相同，但在第一和第二候选预测因子上的期望差则要大得多。这是因为能够顺利毕业的学生可能比辍学的学生具有更高的 GPA 和 SAT 分数，从而导致差异很大，而这两名学生的手指大小和生日可能相似，至少相对而言。

如果已有效估计整个数据集中的这些期望差，观察每一对学生，会得出以下结论：前两个候选预测因子是必要的，因为这两个特征在不同类学生上的期望差远大于同一类学生的期望差，而对于第三和第四候选预测因子，无论两名学生是属于同一类还是不同类，观察到的差别大致相同。

接下来，不再独立分析候选预测因子，而是成对分析：1 和 2，1 和 3，依此类推。衡量两者之差的一种好的度量指标是其欧氏距离。设 $x_m^{(i)}$ 表示在实例 i 下测量的变量 m 的值，设向量 $x^{(i)}$ 表示在此实例下所有变量的值集。然后由（3.1）给出实例 i 与实例 j 之间的距离。

$$d_{ij} = \left\| x^{(i)} - x^{(j)} \right\| = \sqrt{\sum_m (x_m^{(i)} - x_m^{(j)})^2} \qquad (3.1)$$

显然，在所有实例下，由前两个候选预测因子组成的变量对具有最大期望类间距离，而由后两个候选预测因子组成的变量对具有最小期望类间距离，混合变量对具有中间值。

现在，凭直觉可找到一种选择一组有效候选预测因子的好方法。即寻找期望类内距离（希望较小）和期望类间距离（希望较大）之间对比较大的一个集合。不过仅靠这些量还远远不够。例如，如果找到一组候选因子在所有实例下得到较大的平均类间距离，但在同一类中，所有实例之间的期望距离也很大，那么也一无所用；因此，不能孤立地看待这些量。必须找到一种权衡方法，来折中考虑较小的期望类内距离和较大的期望类间距离。LFS 算法就具有一种自动方法来得到最优的权衡解决方案，稍后将讨论这个问题。

到目前为止，所分析的一切都很顺利，而且上述提到的算法在实践中也运行良好。然而，并未考虑"局部特征选择"算法的"局部"因素。现在，仍需一种方法来处理不同特征域内的预测能力问题。例如，图 3.1 中所示的分布将不适用于上述算法。

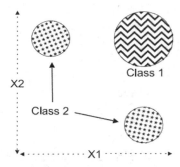

图 3.1　局部特征选择任务　Class 类

在本例中，有两个类，其中一个分成两个不同子集。可以想象一下上述变量选择算法在出现这个问题时会如何执行。在类 2 中有一半实例可通过 X1 与类 1 进行很好的类间分割，尽管通过 X2 没有实现任何分割。另一半实例则恰恰相反，通过 X2 可实现明显分割，但 X1

无任何作用。如果只考虑类间分割，算法能够很容易地选取 X1 和 X2，即使不同的变量负责实现类间分割；只要式（3.1）中的总和较大，就足以进行距离区分。

问题在于类内分割。均位于类 2 同一子集内的实例对可实现极小分割。但如果类 2 中的一个实例位于一个子集，而另一个实例位于另一个子集，则两者之间的距离将非常大，甚至要大于类间分割！因此，类 2 的类内分割平均距离过大，以至于几乎等同于类间分割。尽管在图中表现出色，但（X1,X2）不太可能作为一组有效的预测因子在竞争中脱颖而出。

在本章开头所引用论文中的关键要素是，图 3.1 所示的问题可通过智能计算而得的权重对距离加权来缓解。加权方案的核心在于对距离较近的实例对赋予比距离较远的实例对更大的权重，且权重随距离增大呈指数下降。现在要更为复杂一些，因为考虑了实例的类别成员，以及距离度量的全局分布。在本章后面部分将深入讨论这些细节。目前，只需理解计算合理权重的算法是相当有效的。

为理解权重的变化情况，图 3.2 中的四个直方图显示了对具有图 3.1 所示模的数据进行测试所生成的权重。

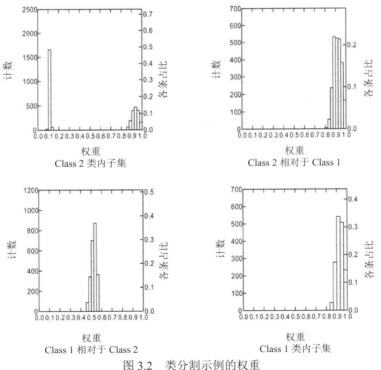

图 3.2　类分割示例的权重

四个直方图中最重要的是显示类 2 中两个实例对权重的左上图。由图可知，一半的权重都聚集在最大可能权重（1）附近。这是均属于类 2 中同一个子集的实例对。而另一半的权重聚集在最小可能权重（0）附近。这是属于类 2 但在不同子集中的实例对。由此可知，当利用加权距离计算类内分割（类 2 中实例分割的平均距离）时，会抑制分属两个子集的实例对，从而提供一个更真实的类内分割估计。

类 1 的类内权重都接近 1，因为该类未分为子集。此外，在考虑类 2 中的实例并查看其与类 1 中案例的距离时，应选择权重为 1。而考虑类 1 中的实例并查看其与类 2 中实例的距离时，权重约为 0.5（加权算法不对称）。大致而言，这是因为差异的发展有两种可能的方式。在本章的后面，研究权重方程时，将详细分析是如何实现的。

算法输出结果

由于算法是对每个实例分别选择最优候选，因此无法输出单个最优候选集，更不用说像其他算法那样可以输出排序的子集列表了。不过，可统计每个候选预测因子在最优子集中的出现次数。例如，可能会观察到在某些时候 X2、X7 和 X35 构成一个最优子集；X3、X7 和 X21 构成另一个最优子集；而 X7 和 X94 又构成另一个最优子集；以此类推。X7 在最优子集中出现三次，而其他子集成员中仅出现一次。因此，X7 似乎更常见，从而在重要性上位居前列。

这并不意味着只有 X7 有价值。事实上，反而可能是（而且经常是！）仅 X7 毫无用处；其用处只是与其他候选因子结合。这就是为什么 LFS 优于许多其他特征选择算法的原因，该算法通常依赖于某种形式的逐步选择，因此可忽略个别无用的候选因子。但这种依赖其他预测因子的特性并不是问题。原因是如果给定一个最主要的预测因子列表，大多数现代预测模型都可以理清各预测因子之间的复杂关系，且性能良好。所需要的只是通过预处理来剔除那些毫无用处的候选因子，这样就不会不知所措。对于上述预处理，最好采用局部特征选择。

简要介绍：单纯形算法

LFS 算法广泛采用了一种称为单纯形算法的标准优化过程，因此，有必要在此简要概述这一重要算法及其实现。这一点尤其关键，因为除了在 VarScreen 程序中使用之外，一些读者可能还希望在其他实际应用中使用 SIMPLEX.CPP 文件。此处的程序实现由于缺少三个高级特性，而不像其他极其复杂的版本那样广泛适用。然而，LFS 算法并不需要这些特性，而且在本人看来，对于大多数常见应用，这些特性存在小的漏洞。若读者已熟悉单纯形算法，则一定已知如下一些约束条件：

（1）不支持严格的等式约束，只支持小于和大于约束。

（2）所有基向量都显式存储，而不是简单标记。这会导致更大的内存需求，不过在这个存储容量巨大的时代，这几乎没有什么影响。此外，标记而不是存储基向量会大大增加算法的复杂性，因此无需考虑这种权衡方法。

（3）未限定可能导致无限循环的退化条件，不过一旦发生这种情况，会立即报告。但是，在设定良好的实际问题中，几乎不会发生循环。而且，由于程序具有良好注释和清晰结构，如果需要的话，感兴趣的读者应该可以毫无问题地添加循环中断代码。

线性规划单纯形算法的基本数学原理可广泛得到，在此不作详细介绍。本节将讨论 Simplex 类求解的线性规划问题的一般形式，并介绍如何将该类集成到其他程序中。

线性规划问题

最基本的线性规划问题是在"小于或等于"约束条件下使得线性函数（目标函数）最大化。一个目标函数示例如式（3.2）所示，式（3.3）和式（3.4）给出了两个约束条件示例。

$$z = c_1 x_1 + c_2 x_2 + c_3 x_3 \tag{3.2}$$

$$a_{11} x_1 + a_{12} x_2 + a_{13} x_3 \leqslant b_1 \tag{3.3}$$

$$a_{21} x_1 + a_{22} x_2 + a_{23} x_3 \leqslant b_2 \tag{3.4}$$

除用户指定的约束之外，线性规划还必须满足另外两个约束条件：

（1）所有 x 变量必须非负。

（2）所有上限 b 必须非负。

对系数 a 或 c 没有限制。

注意，问题的约束个数（本例中为 2）可能小于、等于或大于变量个数（此处为 3）。这种关系的性质对求解问题的方法没有影响。

上述问题形式可以处理许多实际的线性规划问题。每个 x 都非负的约束条件很少产生影响，因为 x 值通常表示实际物理量。每个 b 都为非负以及不等式"小于或等于"的约束条件也几乎无影响，因为系数 a 通常表示成本，而每个 b 值表示总成本的限制。然而，有两种情况，这种形式可以处理，但不完全：

（1）可能希望有一个或多个 b 值为负。

（2）可能希望一个或多个不等式为"大于或等于"。

这两种情况实际上是同一枚硬币的两面，因为将不等式两侧乘以-1，即可转换 b 的符号并反转不等式。因此，只要放宽 "<=" 不等式约束，同时允许 ">="，即可处理上述两种情况。此外，在实践中也取消了 x 值非负的约束条件，因为总是可以转换每个涉及 x 非正的系数的符号，从而得到一个非负的新 x。

另外，还有一个在某些问题中非常有用的泛化：严格等式约束。不过 LFS 不需要此功能，在此未予实现。不过，熟悉该算法的读者应该能够对所提供的具有大量注释的代码进行修改来处理这种情况。

Simplex 类的接口

在此需要创建两个数组。一个用于保存目标函数系数。按照惯例，这是 x_1，x_2，$\cdots$，x_N 的 N 个系数。另一个数组实际上由变化最快的列组成的一个矩阵。其中，M 个约束各为一行，每行都有 $N+1$ 列。在每一行中，第一个元素为相应约束的上/下限 b，其余 N 列是该约束的 x 个系数。例如，在上例中，该约束矩阵/数组为 b1、a11、a12、a13、b2、a21、a22、a23。共有 $M(N+1)$ 个元素。如果约束同时含有不等式 "<=" 和 ">="，则必须先存放所有 "<=" 约束。记为 MLE 个。

第一步是创建一个新的 Simplex 对象。构造函数包含四个整型参数：

N——变量个数。

M——约束条件个数。

MLE——"<=" 型的约束个数；可能是 $0\sim M$。

$Print$——如果非零，则将详细的计算步骤输出到 MEM.LOG 文件。

```
sptr = new Simplex ( N , M , MLE , Print );
```

通过单独调用来设置 x 的目标系数向量和约束矩阵。调用顺序不重要。

```
sptr->set_objective ( coefs );
sptr->set_constraints ( constraint_matrix );
```

然后，计算最优值并检索结果。这些参数如下所示。

```
sptr->solve ( max_iters , eps );
sptr->get_optimal_values ( &optval , x );
```

max_iters——一个安全阈值。在大多数实际应用中，一般在 max(M,N) 次迭代内可达到收敛，不过在特殊情况下迭代次数可能更高。在极其罕见的病态情况下，该算法甚至可锁定在一个无限循环。尽管现有一些复杂方法来避免上述情况，但保证退出循环的算法很麻烦，且执行速度慢，效率低。鉴于在设计良好的实际应用中，实际上不一定会发生无限循环，因此，在代码中还是继续采用了传统方法。如果设置 max_iters 为几倍的 max(M,N)，那么几乎肯定是安全的。一旦问题陷入无限循环，solve() 子程序会运行失败与返回错误代码，稍后将详细讨论。

eps——在代码中有几处需要测试某个值是否等于零。累积的浮点误差可能会导致理论上应该为零的值，实际上是极小的非零数。当一个本应是零的值不为零时，就会产生问题。这个参数用于松弛零的定义，并记一个极小数为零。通常设为 1.e-8。这几乎不会导致迭代在达到真正最大值之前停止，甚至几乎不可能会错误标记系统无界（无界意味着目标函数可以在不违背约束的情况下增加到无穷大）。这些由松弛零引发的问题非常罕见，通常也是无害的，而因不当处理不可避免的浮点误差的问题可能是毁灭性的。

optval——这是计算得到的目标函数最大值。

x——用户提供的指向长度为 N 的向量指针。将产生最大目标对象的变量值复制到该向量。

solve()子程序返回一个整数，其含义如下：

- 正常返回，找到最大值。
- 目标函数无界。
- 迭代次数过多而未收敛（可能表示无限循环）。
- 约束冲突导致无可行解。
- 约束矩阵不是满秩（存在冗余）。

注意：重用 Simplex 对象是合法的。求解一个问题后，可以再次调用 set_objective()和/或 set_constraints()，然后针对新问题执行 solve()。

如果有兴趣检查结果的准确性，提供了两个子程序。如果有错误，则返回 1，否则返回 0。若产生错误，错误参数将返回结果出错的数值。参数 eps 应是一个非常小的值（可能是 1.e-8），以允许在标记错误时使用一个小的伪造因子。任何涉及大量浮点计算的算法都无法与理论预期结果精确匹配。

```
int Simplex::check_objective(double *coefs，double eps，double *error);
```

coefs 是定义目标函数的原始系数矩阵。

check_objective()子程序是一种评估累积浮点误差对结果影响程度的好方法。通过执行该程序，可得目标函数系数与计算得到的变量 x 最优值的点积。该值与经每一步计算和更新的最终目标函数最优值进行比较。换句话说，这两个值（理论上应该是相同的）是以完全不同的方式计算的，其中 get_optimal_values()返回的值是得到最优值时大量浮点运算的最终产物。

```
int Simplex::check_constraint ( int which , double *constraints , double eps,
double *error ) ;
```

其取值范围从 0～M-1，并指定检查 M 个约束中的哪一个。

constraints 是上述提到的原始约束矩阵。

更多细节

首先，如果只是实现 Simplex 类与实际程序的接口，那么已了解了所需的全部内容；完全可以跳过本节。其次，如果是对单纯形算法感兴趣，想要了解更多相关信息，那么可以继续阅读，需要解释的是在此进行了稍微简化，以适合数学基础一般的读者。再次，如果想要深入了解关于单纯形算法的细节，那么这些内容不适合。网上有很多相关资料，有些甚至非常好。最重要的是，购买一本关于这一主题的好教材。

理解单纯形算法的关键在于要掌握约束（正确定义的）构成了一个由线连接的顶点组成的凸结构。算法从满足所有约束条件的顶点开始（称为可行解），然后从一个顶点转移到另一个顶点，（通常）每次转移都会稳定地增大目标函数。最终到达一个目标函数达到最大值的点。这就是最优解。

从乐观角度来看，主要有三种情况可能会出错：

- 约束条件可能存在根本性冲突，从而无法同时满足所有约束。
- 约束条件可能未形成一个限制目标函数的封闭结构，结果导致一个或多个 x 变量可不受限制地增大，这类似于使得目标函数趋于无穷。
- 基本单纯形算法可能会发现本身处于一个无限循环中，目标函数永远不会增加，从顶点到顶点的路径一直重复相同模式。

前两个问题是用户造成的，只有正确地重新表述问题才能予以纠正。第三个问题是单纯形算法本身的一个缺陷，在此提供的 Simplex 类无法解决。不过好在这种灾难性的循环在实际问题中非常罕见。另外，比较遗憾的是，解决循环问题的单纯形算法不仅比在此介绍的算法复杂得多，而且通常运行速度也要慢得多，因此仅适用于最后一种情况。在任何情况下，都可以通过将迭代次数上限 max_iters 设为一个非常大的值并查看 solve() 是否仍由于产生"迭代过多"错误而失败来确定应用程序中是否发生循环。

随后将会讨论一个有关单纯形算法的有趣问题，足以吸引感兴趣的读者。在之前提到，单纯形算法是从可行解开始，不断驱动目标函数达到该解。可行解是一个满足所有约束的解，尽管可能远不是最优解。如果所有约束都是<=型，那么可很容易找到一个可行解来开始迭代：只需将所有 x 值设为 0。由于上/下限 b 必须都为非负，因此会自动满足约束条件。

但是，如果只要存在一个约束条件是>=型，就比较麻烦，因为一个可行解不是显而易见的。在这种情况下，必须分两步（阶段）来解决该问题。在第一阶段，通过引入系数为+1的附加变量且其初始值等于约束的上/下限 b 来修改每个>=约束。这样就能够满足约束条件。暂时将目标函数改为所有上述附加变量的负值之和，并使之最大化。如果约束条件不冲突，则能够使得这个负和趋于零，这意味着任何一个附加变量的值现在都为零，从而可予以删除。这样就变为待解决的原始问题，以及一个开始单纯形优化算法第二阶段的初始可行解。

一种更严格的 LFS 方法

在 LFS.CPP（操作的主调度器）、LFS_DO_CASE.CPP（处理单线程中的单个实例）、LFS_WEIGHTS.CPP（计算实例权重）和 LFS_BETA.CPP（计算最优 β 权重以平衡类内和类间分割重要性）等文件中提供了 LFS 算法的完整源代码。在本章的其余部分，将以适度的数学细节介绍 LFS 算法（不像在本章开头引用的论文中那么严谨）。在参考论文中所用的严谨符号有时会令人困惑和烦琐，在此本人认为适当放松的严谨可更加直观地理解具体运算操作，为此采取了一些较为自由的表述（希望原谅）。阐述各种运算操作的代码段将穿插进行，偶尔会有完整的子程序。

以下是一些关于算法的总结，必须深刻理解：

- 在此强调的 LFS 算法首先最难理解的是：数据集中的每个实例都是分开独立处理

的。构成算法核心的所有操作都可以并行完成（在所提供的实现代码中），且之间
没有任何交互。换句话说，针对第一个实例，解决了大部分问题。与此同时，也
可以（如果愿意的话）解决第二个实例的大部分问题，而无需第一个实例的中间
结果或最终结果，依此类推。因此，在接下来的绝大多数讨论中，牢记只是针对
一个固定的实例 i（称为当前实例），所有操作都将围绕这一实例进行，其数据值
保存在 M 个元素的向量 $x^{(i)}$ 中，并与数据集中的其他 $N\text{-}1$ 个实例交互。

● 在处理当前实例 i 时，目标是找到一个二元向量 $f^{(i)}$，其 M 个元素标记了对于该实
例，哪些变量性能最佳。也就是说，针对该实例的最优分类器。

● 大致而言（详见下一要点），针对"当前"实例所定义的一个"好分类器"（一个
好的二元特征向量 $f^{(i)}$），应具有以下两种特性：

➢ 该实例与属于本类的所有其他数据集实例之间的平均距离较小。

➢ 该实例与不属于本类的所有其他数据集实例之间的平均距离较大。

回顾之前介绍（第 31 页）的顺利大学毕业示例。对于大多数情况，如果不是
数据集中的实例，则最优二元特征向量是{1, 1, 0, 0}。这是由于前两个预
测因子可能会在顺利毕业学生和辍学学生之间生成相对较大的距离〔式
（3.1）〕，而无论进行比较的学生是属于同一类还是不同类，其他两个预测因
子所生成的距离都大致相同。

● 上述要点存在的唯一问题是没有考虑局部特性。回想一下在图 3.1 所示示例中遇到
的问题。关于一个好的二元特征向量的定义会因类 2 成员之间的平均距离极大而
颠覆，这是因为类 2 分裂成不同子集。因此，在计算平均距离时，需要采取一种
有利于位于实例 i（当前分析的实例）局部邻域内所有实例的方式来对各项加权。

● 上述两个要点产生了一个鸡和蛋的选择困境：为计算权重，需要定义一个案例 i
的邻域，而这反过来又取决于计算距离的变量（即在 $f^{(i)}$ 中标记为"1"的变量）。
但在已知权重之前不能评估预选 $f^{(i)}$ 的好坏。唯一选择是采用迭代过程：从一个"中
立"的 $f^{(i)}$ 开始，用其来估计权重。然后根据这些权重得到更好的 $f^{(i)}$。接着再用更
好的 $f^{(i)}$ 来计算新的权重。根据需要不断重复执行。好在大量实际经验表明，很快
即可收敛到高质量的权重和所属标记，只需两次迭代就很不错，在第三次迭代之
后会变得非常好。

现在综合上述所有要点，形成一个大致的通用算法。具体步骤如下：

（1）初始化 $f^{(i)}$ 对于所有实例 i 均为零（未选择变量）。这是一个具有 N 个实例 M 个变
量的零矩阵。

（2）执行较少次数的迭代（通常为 2 或 3 次）。

（3）$f_{\text{prev}} = f$（将当前的 $N \times M$ 二元矩阵复制到一个"先验值"工作区）。

（4）i 从 1 到 N（单独处理所有实例）。

（5）由 f_{prev} 计算实例 i 的 N 维权重向量。

（6）计算 ε，可能的最大类间分割。

（7）对于总计约 10～30 个取值为（0，1）的每个 β 试验值。

（8）计算一个最小化类内分割的 M 维实值向量 $f^{(i)}{}_{\beta,real}$，满足类间分割至少是 β_{ε} 的约束条件。

（9）通过随机过程找到一个 $f^{(i)}{}_{\beta,real}$ 的二元近似 $f^{(i)}{}_{\beta}$，使之在有效的随机尝试中，最小化实际的类内分割。

步骤（7）循环结束。

（10）设 $f^{(i)}$ 等于具有局部最佳性能标准的 $f^{(i)}{}_{\beta}$（稍后讨论）。这是一个在最小化类内分割和最大化类间分割之间最佳折中的所属标志向量。

步骤（4）循环结束。

步骤（2）循环结束。

以下是对上述算法的一些解释说明：

- 经过第一次之后的每次迭代循环（2）所需时间都相同，因此运行时间与迭代次数密切相关。通常很快会收敛到稳定结果，所以为降低运行时间，迭代次数应尽可能少。

- 在步骤（3）中，将二元所属标志的 $N×M$ 矩阵复制到一个"先验值"工作区。这是非常必要的，因为在步骤（5）中计算权重时，需要整个所属标志矩阵，但在步骤（10）中，会更新当前所属标志矩阵 f。不能混淆用于计算权重的同一标志矩阵。因此，需要一个 f 的"稳定"副本来进行权重计算，而获取 f 的最好方法是使用上次迭代的标志矩阵。请注意，对于数据集中的其他实例，每个实例 i 都有［尽管作为循环（4）中的一个步骤处理，但不是保存不变的］各自的 N 维权重向量。

- 步骤（4）中的循环不必是真正执行循环。每个当前实例 (i) 的计算与其他所有实例的计算无关，因此，所有 N 个操作都可以同时并行处理。

- 在讨论一开始，已确定了一个事实，即必须折中考虑最小化类内分割与最大化类间分割。无法达到两者都完美，因此需要一种权衡。步骤（7）中的循环是为了优化这种权衡。在步骤（6）中，计算了可能的最大类间分割。因此，为达到权衡最优，对类间分割设置不同下限，并计算每个下限时的最小类内分割。在步骤（10）中，计算了与每个试验 β 关联的性能标准，并选取其中性能最好的。

- 遗憾的是，在步骤（8）中最小化类内分割过程中得到的是所属标志的实值，而显然在此需要的是二元值（包含变量或不包含变量）。为此，利用一个随机过程以一种近乎最优的方式将实值标志转换为二元标志。

类内分割和类间分割

在式（3.1）中已表明如何计算两个实例（i 和 j）之间的距离。在此将对这一距离度量进行三种变更：

（1）从数学角度考虑，应更为严格，在此采用距离的平方，而不是公式中所用的欧氏距离。即省略了平方根运算。

（2）需要将二元标志向量集成到公式中，以便只对标志为 1 的变量求平方差之和，而忽略标志为 0 的变量。

（3）希望在距离定义中加入实例权重，以便在计算平均距离或总距离时，可为实例分配不同的相对重要性。

符号 $\otimes$ 是两个向量的组合算子，表示取两个向量的元素乘积。因此，重新定义的"距离"（在执行上述三种变更之后，是否还能称之为距离值得商榷！）如式（3.5）所示。式中，i 表示"当前"实例，因为这是实例 i 的所属标志，并在实例 i 下计算得到 N 维权重向量。

$$d_{ij} = w_j^{(i)} \left\| x^{(i)} - x^{(j)} \otimes f^{(i)} \right\|^2 \tag{3.5}$$

回顾在前面的算法中，是一次单独处理一个实例 i。因此，如果尽可能去除上标 (i)，并用 j 来表示距离度量中的"其他"实例，则可以大大简化表示。这是由于所有距离都是相对于案例 i（即当前处理的案例）的，从而可尽可能地省略 i。

还可以使用 $m=1, \cdots, M$ 来分解向量，以表示正在处理的变量。由此，w_j 为当前实例 i 下实例 j 关联的权重，f_m 为处理实例 i 时变量 m 的二元所属标志（1 或 0）。最后，定义 δ_{jm} 为实例 i 和 j 的变量 m 之差，如式（3.6）所示，并定义 Δ_j 为单个 δ 分量平方的 M 维向量：$\Delta_j = \{\delta_{j1}^2, \delta_{j2}^2, \cdots, \delta_{jM}^2\}$。

$$\delta_{jm} = x_m^{(i)} - x_m^{(j)} \tag{3.6}$$

现在可以通过单个变量来表示修改后的距离度量，如式（3.7）所示，注意，式中所有变量都是针对实例 i 的处理，因此无需标注上标 (i)。甚至可在"距离"度量的下标中去除 i，这样 d_j 就表示分割当前实例 i 与其他实例 j 的（修改后）距离。注意，f_m 是一个由 1 和 0 组成的向量，因此对其按元素进行平方不会有任何改变。

$$d_j = w_j \sum_{m=1}^{M} (\delta_{jm} f_m)^2 = w_j \sum_{m=1}^{M} \delta_{jm}^2 f_m = w_j \Delta_j f \tag{3.7}$$

最后，定义类内分割和类间分割，从直觉角度，在此讨论的是平均分割，当然也可计算总分割，因为平均值和总和之间只差一个实例个数的常量比例因子。因此，总的类内分割可由式（3.8）给定，总的类间分割由式（3.9）给定。

$$IntraClass = \sum_{j \in \text{class of } i} d_j = \sum_{j \in \text{class of } i} w_j \Delta_j f \tag{3.8}$$

$$IntraClass = \sum_{j \in \text{class of } i} d_j = \sum_{j \in \text{class of } i} w_j \Delta_j f \qquad (3.9)$$

Δ 与 f 可点积相乘，为此分别定义 a 和 b 如式（3.10）和式（3.11）所示，从而可将类内分割和类间分割分别定义为简单的点积形式，如式（3.12）和式（3.13）所示。

$$a = \sum_{j \in \text{class of } i} w_j \Delta_j \qquad (3.10)$$

$$b = \sum_{j \in \text{class of } i} w_j \Delta_j \qquad (3.11)$$

$$IntraClass = af \qquad (3.12)$$

$$IntraClass = bf \qquad (3.13)$$

为确保清楚地理解上述公式，在此给出从 LFS_DO_CASE.CPP 文件中提取的一段代码。首先进行一些说明。正在处理的实例是数据集中的 which_i，即当前实例。该代码是多线程的，每个线程都需要各自工作区来处理 a 和 b。下列代码可得到正在处理实例的类（为简化表示，在上述几个式中特意省略了索引）。然后得到指向 a 和 b 线程工作区的指针。注意，式中的 M 在代码中为 n_vars。

```
this_class = class_id[which_i] ;
aa_ptr = aa + ithread * n_vars ;
bb_ptr = bb + ithread * n_vars ;
```

然后，由式（3.6）计算所有实例 j 和变量 m 的 δ_{jm}。同样，每个线程都需要各自的 $N \times M$（n_cases*n_vars）Δ 矩阵。

```
dptr1 = cases + which_i * n_vars ;          //指针指向该实例
  for (j=0 ; j<n_cases ; j++) {
    dptr2 = cases + j * n_vars ;            //指针指向实例 j
      delta_ptr = delta + ithread * n_cases * n_vars + j * n_vars ; //指针指向实例 j 的 Δ
      for (ivar=0 ; ivar<n_vars ; ivar++)
        delta_ptr[ivar] = dptr1[ivar] - dptr2[ivar] ;
  }
```

接下来，计算向量 a 和 b。事实上，出于一个稍后会解释的原因，需计算和保存负的 a，因为这才是所需的。回想一下，式（3.10）和式（3.11）中的 Δ 包含 δ 分量的平方。

另外，需要注意的是，在总和中无需包含 j==which_i 这一项，因为在类内分割中一个实例与其自身之间的距离毫无意义。不过由于当 j==which_i 时，所有变量的 Δ 都为零，因此并未在求和运算中去除。与每次在循环中检查这种情况相比，继续进行毫无意义的计算反而简单。但是有些人会认为进行显式检查的程序编码更合理。为此，在代码中包含了这种检查，尽管完全没有必要。

```
weights_ptr = weights + ithread * n_cases ;   //线程的权重向量
  for (j=0 ; j<n_vars ; j++)
    aa_ptr[j] = bb_ptr[j] = 0.0 ;
  for (j=0 ; j<n_cases ; j++) {
```

```
        if (j == which_i)              //没有必要，因为当 j==which_i 时，Δ 为 0
            continue ;                 //不过进行显式检查，显得代码更合理
    delta_ptr = delta + ithread * n_cases * n_vars + j * n_vars ; //指针指向实例 j 的 Δ
        wt = weights_ptr[j] ;
        if (class_id[j] == this_class) {
            for (ivar=0 ; ivar<n_vars ; ivar++) { //式(3.10)
                term = delta_ptr[ivar] ;
                aa_ptr[ivar] -= wt * term * term ;
                }
            }
        else {
            for (ivar=0 ; ivar<n_vars ; ivar++) { //式(3.11)
                term = delta_ptr[ivar] ;
                bb_ptr[ivar] += wt * term * term ;
                }
            }
    } //对于 j 的循环
```

计算权重

对于每个"当前"实例 i，需要计算所有其他实例的 N 维权重向量（显然，永远不会用到情况 $j=i$ 的权重，但无论如何直接计算会比插入逻辑判断而省略计算更快更容易）。在权重计算中，主要有三个考虑因素：

（1）若实例 j 与当前实例相距甚远，则其权重应较小，而若相距较近，则权重较大。这将重点关注当前实例的邻域。

（2）邻域加权方案不能仅仅因为处于不同类中而惩罚那些距离较远的实例。换句话说，权重计算应是相对的，而不是绝对的。例如，假设实例 j 不在实例 i 的类中，但在所有不属于当前实例所属类的实例中，这是与当前实例最接近的。那么其权重应较大，即使从绝对距离来看，该实例与实例 i 相距较远，尽管可能距离较远，但相对于不属于当前实例类中的其他实例，这是最接近的。如果不考虑上述因素，则最终会在很大程度上忽略当前实例类以外的各个类中的实例。

（3）目前还不知道最终哪种度量空间（选择用于定义距离的变量）最适合定义邻域，因此必须尽量找到最优的度量空间。在此所采用的是引用论文中的方法，查看在先前迭代中计算的所有度量空间，并对从中计算的权重取平均。这使得权重计算主要集中在认为相对重要的变量上，而忽视那些认为不重要的变量。

到目前为止，已在实例 i 的度量空间中，定义了当前实例 i 与其他实例 j 之间的距离，记为 $f^{(i)}$。但对于权重计算而言，需要在由第三个实例 k 定义的度量空间中分析实例 i 和 j 之间的距离。这可由式（3.14）表示：

$$d_{ij|k} = \left\| (x^{(i)} - x^{(j)}) \otimes f^{(k)} \right\| \tag{3.14}$$

如在上述（2）中所述，所有距离都应是相对的。为了实现这一点，需要已知能够将当前实例 i 与其同一类中所有其他实例进行分割的最小距离。对于在不同类中的实例，也需要计算最小距离。同时，对于先前迭代的每个度量空间 k 也需要该最小值。这两个量可由式（3.15）和式（3.16）表示。在式（3.15）中，当然必须在搜索最小距离时排除 $j=i$ 的情况，因为一个实例与其自身的距离为零，这意味着 MinSame 始终为零！

$$MinSame_k = \min_{j \in \text{class of } j} d_{ij|k} \qquad (3.15)$$

$$MinDifferent_k = \min_{j \notin \text{class of } j} d_{ij|k} \qquad (3.16)$$

一旦在给定当前实例 i 和度量空间 k 下计算得到这两个值，若实例 i 和 j 在同一类中，则定义 $dmin_{ij|k}$ 为 $MinSame_k$，若实例 i 和 j 在不同类中，则定义为 $MinDifferent_k$。接下来，可定义实例 j 的权重（假设当前实例为 i）。该权重是所有度量空间的平均权重，在任何度量空间中的权重都是该度量空间中的距离与最小相同/不同距离之差的负指数。这可由式（3.17）表示：

$$w_j^{(i)} = \frac{1}{N} \sum_{k=1}^{N} \exp[-(d_{ij|k} - dmin_{ij|k})] \qquad (3.17)$$

上式是每个度量空间 k 中负指数的平均值。方括号内的项是当前实例 i 与其他实例 j 之间相对于最小距离（取决于实例 i 和 j 是在同一类还是不同类）的距离。

以下是 LFS_WEIGHTS.CPP 文件中的代码，用于实现上述计算。与之前一样，由于该代码是多线程的，因此需要为每个线程分配各自的存储空间：

```
wt_ptr = weights + ithread * n_cases ;
d_ijk_ptr = d_ijk + ithread * n_cases ;
```

首先将所有权重清零。然后依次添加度量空间（k）。另外还要注意当前实例的类 id。

```
this_class = class_id[which_i] ;
    for (j=0 ; j<n_cases ; j++)
        wt_ptr[j] = 0.0 ;
```

这是一次执行一个度量空间 k 的外循环。定义每个度量空间的变量使用二元标志位于先前迭代的 f_prior 中。在此计算具有固定 which_i 和 k 的所有实例 j 的 d_ijk。具体是检查 d_ijk 的所有元素，并计算所有实例 j 的两个最小值：①实例 j 的类与 which_i 的类相同；②在不同类中的。回顾前面介绍的计算 Δ 的代码。N×M 矩阵中包含了实例 i（当前实例）和实例 j（另一实例）之间的差异，如式（3.6）所示。

```
for (k=0 ; k<n_cases ; k++) {        //构建每个度量空间 k 中所有权重的求和循环
fk_ptr = f_prior + k * n_vars ;      //指向上次迭代的 f(k) 的指针
    min_same = min_different = 1.e60 ;
    for (j=0 ; j<n_cases ; j++) {
        delta_ptr = delta + ithread * n_cases * n_vars + j * n_vars ; //x(i) - x(j)
        sum = 0.0 ;
```

```
for (ivar=0 ; ivar<n_vars ; ivar++) { //计算每个式(3.14) 的范数
    if (fk_ptr[ivar])                        //度量空间 k
        sum += delta_ptr[ivar] * delta_ptr[ivar] ; //累积（平方）范数
    }
term = sqrt ( sum ) ;          //范数
d_ijk_ptr[j] = term ;          //保存，随后用到
if (class_id[j] == this_class) {    //式(3.15)
    if (term < min_same && j != which_i)    //无需计算与自身的距离!
        min_same = term ;
    }
else {                              //式(3.16)
    if (term < min_different)
        min_different = term ;
    }
} //对于 j 循环，计算 d_ijk 和两个最小值
```

现在，已具备计算度量空间 k 中求和各项的所有条件。对每个权重累积求和。注意，永远不会用到 weight[which_i]，因此无需计算，不过这样做要比检查 j==which_i 更快。

```
for (j=0 ; j<n_cases ; j++) {      //对于每个权重，添加 k 项（式 (3.17)）
    if (class_id[j] == this_class)
        term = d_ijk_ptr[j] - min_same ;
    else
        term = d_ijk_ptr[j] - min_different ;
    wt_ptr[j] += exp ( -term ) ;
    }
} //对于 k 的循环
//对整个 k 求和。然后除以 N 得到平均值
for (j=0 ; j<n_cases ; j++)        //对于每个权重，添加 k 项
    wt_ptr[j] /= n_cases ;
}
```

本节实现了第 40 页所述通用算法中的步骤（5）。

最大化类间分割

在实际应用中，经常要处理以下情况：需要在最小化一个函数的同时最大化另一个函数，而这两个函数相互冲突。大多数情况下，不可能得到一个是第一个函数的最小值又是第二个函数的最大值的解。假设现有某一全局标准可衡量所能得到的所有折中解。如果非常幸运的话，可能会通过简单地最大化这个联合标准来得到希望的解。不过几乎不可能这么幸运。

如果这两个优化问题都有一个相对简单的解，包括在约束条件下，那么会有所突破。在这种情况下，对整体问题有一个标准的解决方法，通常称为 epsilon（ε）约束方法。该算法执行步骤如下：

（1）求解最大化问题，并注意函数在最大化时得到的函数值。记作 epsilon（ε）。

（2）对于 0～1 范围内的各种 β 值，根据最小化方案中的最大化函数值大于或等于 βε

这个约束条件下，来求解最小化问题。

（3）选择使得全局标准最大化的解。

鉴于最大化函数能够得到一个 ε 值，那么可知即使 $\beta=1$，对于最小化问题也会有一个可行解，尽管该解可能远非最小解。β 值可作为一个折中控制器。当 $\beta=1$ 时，最大化函数完全可控，而当 $\beta=0$ 时，最小化函数可控。β 取中间值提供了两个相互冲突的优化问题的重要性权重中间值。

这正是应用 LFS 算法的情况。对于每个实例，希望分别单独地为该实例找到一个度量空间（候选预测因子集），使之能够最小化类内分割［式（3.12）］，并最大化类间分割［式（3.13）］。不过同一组候选预测因子能够为两个问题同时提供最优解的情况不会经常发生。因此，需执行上述的 epsilon 约束算法：

（1）搜索最大化类间分割的候选预测因子集，并注意式（3.13）中能够获得的预测因子值，称之为 ε。这就是需要在这一步骤中得到的所有内容；这些最优候选预测因子与下面的步骤无关。

（2）对于 0～1 范围内的各种 β 值，在类内最优候选预测因子集中实现类间分割的值大于或等于 $\beta\varepsilon$ 的约束条件下，最小化类内分割［式（3.12）］。

（3）选择使得全局性能标准最大化的 β 所对应的预测因子集（稍后讨论）。

必须指出，此处存在一个小问题。预测因子标志 f 是二元的；对于度量空间，要么选择该变量，要么不选。（部分选择或许是一个有趣的研究课题）。然而，优化子程序只能严格采用实值；即得到的 f 分量最优值是位于 0～1 范围内，而不是二元值。稍后将讨论如何处理这个问题。现在，暂不考虑。

值得注意的是，希望最大化/最小化［式（3.12）和式（3.13）］的两个函数都是线性的。同时，还需注意，需要施加的所有约束也都是线性的。对于这两种优化，需满足以下约束：

（1）f 中的所有元素都>=0。

（2）f 中的所有元素都<=1。

（3）f 的元素之和小于等于用户指定的一次性使用的最大变量个数。

（4）f 的元素之和至少为 1，这意味着必须选择至少一个变量才能有一个度量空间。

在最小化类内分割时，还需满足一个附加约束：类间分割的值［式（3.13）中的 bf］必须至少为 $\beta\varepsilon$。

由于都是线性的，因此可采用单纯形方法进行优化。现在需回顾 Simplex 类的接口一节。下列两行代码展示了如何创建 Simplex 对象，第一行是实现最大化类间分割，第二行是实现最小化类内分割。每个线程都需要有各自的私有对象。接下来统计一下约束条件，由上可知分为四类。第 1 类是自动处理的，可忽略不计。第 2 类是引入的 n_vars 个约束。第 3 类和第 4 类各引入一个约束，共计 n_vars+2 个，除最后一个之外，所有约束都是<=型。这些约束都用于两种优化，而类内最小化还需要一个额外的>=约束。

```
for (ithread=0 ; ithread<max_threads ; ithread++) {
    simplex1[ithread] = new Simplex ( n_vars , n_vars+2 , n_vars+1 , 0 ) ;
    simplex2[ithread] = new Simplex ( n_vars , n_vars+3 , n_vars+1 , 0 ) ;
}
```

这些都是在构造函数中创建的。由于大多数这些约束都是通用的，因此也可在构造函数中设置。在此分配一个工作区来保存所有线程的所有约束。在这行代码中，nv 等于 n_vars。

constraints = (double *) MALLOC ((nv+3) * (nv+1) * max_threads * sizeof(double)) ;

首先施加 f 中的任何元素都不能超过 1 的约束。如果不理解该代码，请查看 Simplex 接口。

```
for (i=0 ; i<n_vars ; i++) {                //对于每个 f 上限
    constr_ptr = constraints + i * (n_vars+1) ;   //每一行中首先是 Limit (RHS)
    constr_ptr[0] = 1.0 ;                     //RHS limit
    for (j=0 ; j<n_vars ; j++)                //每个 f 的系数
        constr_ptr[j+1] = (i == j) ? 1.0 : 0.0 ;
}
```

接下来，施加的约束是 f 的元素之和不能超过用户指定的一次选择变量个数上限 max_kept。

```
constr_ptr = constraints + n_vars * (n_vars+1) ;
constr_ptr[0] = max_kept ;
for (j=0 ; j<n_vars ; j++)      //每个 f 的系数
constr_ptr[j+1] = 1.0 ;
```

最后，施加 f 的元素之和必须至少为 1 的约束，因此需要至少选择一个变量来定义度量空间：

```
constr_ptr = constraints + (n_vars+1) * (n_vars+1) ;
constr_ptr[0] = 1.0 ;
for (j=0 ; j<n_vars ; j++)      //每个 f 的系数
constr_ptr[j+1] = 1.0 ;
```

在上述代码中构建了一个约束矩阵。由于每个线程都需要构建一个，为此将该矩阵复制到其他线程的约束矩阵。

```
for (ithread=1 ; ithread<max_threads ; ithread++ ) {
    constr_ptr = constraints + ithread * (nv+3) * (nv+1) ;
    for (i=0 ; i<(nv+2)*(nv+1) ; i++)
        constr_ptr[i] = constraints[i] ;
}
```

现在，还剩下一个最小化类内分割的附加约束仍未处理。由于该约束较为容易实现，因此在需要时，再进行处理。至少到目前为止，已处理了最大化类间分割的所有约束，以及除一个约束之外的所有最小化类内分割约束。

所有这些代码都位于构造函数中。实际优化过程是在处理单个实例的 LFS_DO_CASE.CPP 文件中。在此已计算得到 b [见式（3.13）后面的代码]。获取指向此线程副本和约束矩阵的指针：

bb_ptr = bb + ithread * n_vars ;

```
constr_ptr = constraints + ithread* (n_vars+3) * (n_vars+1) ;
```

然后设置约束条件和目标函数，执行优化，得到最优结果信息：

```
simplex1[ithread]->set_objective ( bb_ptr ) ;
simplex1[ithread]->set_constraints ( constr_ptr ) ;
simplex1[ithread]->solve ( 10*n_vars+1000 , 1.e-8 ) ;
simplex1[ithread]->get_optimal_values ( &eps_max , f_real + which_i *n_vars ) ;
```

调用 get_optimal_values()，只需得到最优情况下的目标函数值（在此是 eps_max）和之前数学讨论中的 ε。正如在讨论中所指出的，在此不需要最优 f。但需要一个子程序来存放的地方，在此将其发送到实值 f 向量 f_real，注意，该向量很快会被重写。

在调用 solve()中，参数 10*n_vars+1000 和 1.e-8 有些随意。即使有成千上万个变量，迭代次数也不太可能超过这个上限。这个迭代限制的唯一目的是避免单纯形算法陷入一个无限循环，这种情况在理论上是可能的，但在大多数问题中却是极其罕见的。此外，如果是一个非常复杂的问题，可能希望稍微增大 1.e-8 的上限，以便在处理累积浮点误差时具有更大灵活性，不过代价是优化效果略差。

本节介绍的算法和代码实现了第 40 页所述通用算法中的步骤（6）。

最小化类内分割

现在，已找到可能的最大类间分割，接下来，可继续第二阶段的操作，即在类间分割至少为 βε 的附加约束下，针对 β 的不同试验值最小化类内分割。在此需要两个"最佳"工作区，以获取指向在构造函数中保留的线程私有工作区的指针：

```
best_binary_ptr = best_binary + ithread * n_vars ;
best_fbin_ptr = best_fbin + ithread * n_vars ;
```

构造函数中创建的约束矩阵是完备的，除了最后一个约束，即类间分割［式（3.13）］至少为 βε。现在添加该约束。注意，对于 β 的所有试验值，该约束的系数 b 都相同，但在每次试验中 βε 当然会改变。现在设置所有系数，并为实际测试的试验值设置一个极限。

```
temp_ptr = constr_ptr + (n_vars+2) * (n_vars+1) ;        //约束矩阵中的最后一行
    for (j=0 ; j<n_vars ; j++)                            //每个 f 的系数
        temp_ptr[j+1] = bb_ptr[j] ;
```

下面的循环［第 40 页所示算法中的步骤（7）］用于测试用户指定个数(n_beta)的等距 β 试验值。子程序 test_beta()在 crit 中返回类内分割的负值。这是因为单纯形算法是求解最大化，所以如果要想实现最小化，则必须最大化目标函数的负值。这也是为何在计算 a 时变换符号的原因，正如从第 42 页开始讨论的那样。

```
best_crit = -1.e60 ;
    for (i=1 ; i<=n_beta ; i++) {    //β 试验值
        test_beta ( which_i , (double) i / (n_beta+1) , eps_max , &crit , ithread ) ;
        if (crit > best_crit) {
            best_crit = crit ;
            for (ivar=0 ; ivar<n_vars ; ivar++)                //复制该 β 值下的最优 f
```

```
        best_fbin_ptr[ivar] = best_binary_ptr[ivar] ;        //所有 β 值下的最优 f
    }
}
```

子程序 test_beta()（将在下节讨论）还设置了指针 best_binary_pointer 指向 β 试验值对应的二元向量 f 的私有数组。在上述代码中，测试了到目前为止最好的 crit 返回值。如果记录了一个新的 β 试验值，则将二元向量 f 复制到最优 f 的局部副本 best_fbin_ptr。在测试完许多值后，其中保存的即是最优的 f，为此将其保存在最后区域：

```
iptr = f_binary + which_i * n_vars ;
for (ivar=0 ; ivar<n_vars ; ivar++)
    iptr[ivar] = best_fbin_ptr[ivar] ;
```

对于不同的线程，f_binary 并不存在于不同版本中，这一点很重要。这是一个 $N \times M$ 矩阵，其中第 i 行包含了实例 i 的 M 个所属标志。不同线程不会争用该数组的元素。每个线程只计算这个数组中对应线程为 which_i 的那一行。完成该数组是整个 LFS 算法的最终目标，可以按顺序计算这些行，或一次并行计算所有行，或以任意类型的多线程进行处理。每一行都是分别单独计算的，即单个 which_i 的乘积。上述三行代码完成了第 40 页所示通用算法的步骤（10）。

测试 β 试验值

对于在 LFS_BETA.CPP 文件中实现的子程序 test_beta()，给定一个 β 试验值。然后该程序完成以下三项操作：

（1）在"最优" f 向量的类间分割至少为 $\beta\varepsilon$ 的附加约束条件下，最小化类内分割。这是在第 40 页所示通用算法的步骤（8）。

（2）通过一个随机过程将刚刚计算的实值 f 转换为二元 f。

（3）评估二元 f 的好坏，以便能够跟踪最优的 β 试验值，从而选择实例 i 下的最优 f。

第一步是设置 $\beta\varepsilon$ 约束。回想一下，对于所有 β 试验值，这个约束的系数都是相同的，所以可在调用函数中设置。但由于对于每个试验值，系数上限不同，为此必须进行设置。然后，设置目标函数和约束，进行优化，得到（实值而不是二元）向量 f。在此不需要类内分割的值；只需最优的 f。

```
constr_ptr[(n_vars+2)*(n_vars+1)] = beta * eps_max ;
simplex2[ithread]->set_objective ( aa_ptr ) ;
simplex2[ithread]->set_constraints ( constr_ptr ) ;
simplex2[ithread]->solve ( 10 * n_vars + 1000 , 1.e-8 ) ;
fr_ptr = f_real + which_i * n_vars ;
simplex2[ithread]->get_optimal_values ( &dtemp , fr_ptr ) ;
```

现在得到一个最优的实值 f，但需要的是二元 f。为此，使用蒙特卡罗方法来得到最优的二元向量。重复执行一个简单过程 n_rand 次，其中 n_rand 是用户指定的参数，通常在 500 到几千之间，具体取决于变量个数。在每一次执行中，完成以下操作：

　　对于每个变量，以与该变量的实值 f 相等的概率，将其二元标志设置为 1。如果二元向量满足单纯形最小化的约束，则计算目标函数的值，并跟踪 n_rand 次试验中的最佳函数值。只要随机生成的二元向量具有目标函数最小值，则选取其作为二元向量 f。

　　不必担心由于多次未能满足约束条件而导致循环时间过长，因为唯一相关的约束是标志"1"的数量，从而会以大概率满足约束条件而避免失败次数过多。另外，也不必频繁检查是否满足约束 bf>=βε，因为这样会大大降低执行速度。事实上，可以想象，由于 ε 是由实值 f 确定，可能不存在满足该约束的二元 f，此时将一直寻找!

　　为进行初始化，设置一个指向二元所属标志"主"数组的指针，尽管此时只是将其作为一个临时向量。在 LFS_DO_CASE.CPP 文件的末尾处设置为最终值。事实上，现在是最小化类内分割，但需注意，目标函数的系数实际上是-a，因此在代码中是进行最大化。在此将最佳值（目前为止的最大值）设置为一个非常大的负值。最后，初始化随机数生成器的种子。接着执行循环。

```
    fb_ptr = f_binary + which_i * n_vars ;      //指向对应 which_i 的二元变量
    best_func = -1.e60 ;
    iseed = which_i + 1 ;
    for (irand=0 ; irand<n_rand ; irand++) {
        n = 0 ;
        for (ivar=0 ; ivar<n_vars ; ivar++) {
            if (fast_unif(&iseed) < fr_ptr[ivar]) { //以该概率将二元值设为 1
                fb_ptr[ivar] = 1 ;
                ++n ;                          //计数'1'
                }
            else
                fb_ptr[ivar] = 0 ;
            }
        if (n == 0 || n > max_kept) {          //唯一相关约束
            --irand ;                          //如果失败，再次尝试
continue ;   //不会经常发生，不必担心
            }
```

　　在上述循环中，在变量 n 中统计了二元 f 试验值中 1 的个数。需要检查的两个约束条件是 n 至少为 1（由此至少包含一个变量）和不超过用户指定的度量空间中变量的最大个数。如果有任何一个约束不满足，只需忽略该试验值，然后再次尝试。不必担心会导致循环时间过长，因为约束失败相对不常见。毕竟，用作概率的实值可满足这些约束。

　　此时，fb_ptr 中包含一个满足约束 n 的二元试验值向量。评估其（负的）类内分割，并在 best_binary_ptr 中跟踪目前为止最好的试验值。

```
    sum = 0.0 ;
    for (ivar=0 ; ivar<n_vars ; ivar++)
        sum += aa_ptr[ivar] * fb_ptr[ivar] ;
    if (sum > best_func) {
```

```
        best_func = sum ;
        for (ivar=0 ; ivar<n_vars ; ivar++)
            best_binary_ptr[ivar] = fb_ptr[ivar] ;
        }
    }
```

在完成上述循环后，best_binary_ptr 中包含了满足变量个数约束的所有随机尝试中最优（最小化类内分割）的二元 **f**。现在，几乎完成所有操作。接下来，需要执行的是评估这个二元 **f** 的好坏，观察其是否可作为一个好的局部分类器。切记算法中这一步的目标［第 40 页所述通用算法中的步骤（10）］；这个子程序用于评估 β 试验值的好坏。

这是在本算法中唯一与本章开头引用论文中所述算法不同的地方。尽管论文中的评估方法非常好，但计算相当复杂且时间较长。在此，设计了一种更快的方法，有理由相信其几乎同样好，也许更好。

所提方法与 Mann-Whitney U 检验有一定关系。以下是该测试检验方法的理念。如果该 **f**（完全是针对实例 i 或代码中的 which_i 计算而得的）较好，并查看由 **f** 定义的每个度量空间中 x_i 附近的实例，那么这些与实例 i 同一类的实例应该比那些不在该类中的实例更接近 x_i。因此，计算这些距离，并通过一种度量来衡量这种排序的效果。在此以 d_ijk 作为存放距离的工作区。下列代码是计算这些距离。另外还初始化了一个索引数组 nc_iwork_ptr。同时按照第 42 页所述方法计算了 Δ（每个实例下各个变量之间的差值）。

```
    for (j=0 ; j<n_cases ; j++) {
        delta_ptr = delta + ithread * n_cases * n_vars + j * n_vars ; //指向实例 j 的 Δ
        sum = 0.0 ;
        for (ivar=0 ; ivar<n_vars ; ivar++) {
            if (best_binary_ptr[ivar])         //由度量空间定义的距离
                sum += delta_ptr[ivar] * delta_ptr[ivar] ;
            }
        d_ijk_ptr[j] = sum ;     //在 f 空间实例 j 与该实例(which_i)的距离
        nc_iwork_ptr[j] = j ;    //随后需要该索引
        }
```

现在按升序对这些距离进行排序，并将其转换为等级，距离越小的等级越低。同时改变实例的索引，以便随后根据在排序数组中的位置来识别实例。

```
    qsortdsi ( 0 , n_cases-1 , d_ijk_ptr , nc_iwork_ptr ) ; //升序排列, 改变索引
    for (j=0 ; j<n_cases ; ) {
        val = d_ijk_ptr[j] ;
        for (k=j+1 ; k<n ; k++) { //查找所有关系
            if (d_ijk_ptr[k] > val)
                break ;
            }
        rank = 0.5 * ((double) j + (double) k + 1.0) ;
        while (j < k)
```

```
        d_ijk_ptr[j++] = rank ;
    } //对于距离排序数组中的每个实例
```

现在，在 d_ijk_ptr 中保存了距离等级。最后一步是计算性能标准，这将在 crit 中返回给调用函数。具体方法是遍历所有实例来得到一个累积总分。如果一个实例属于实例 i 所处的类，则减去其距离等级，由已计算得到的实例权重进行加权并用于相减操作。如果实例属于不同的类，则增加加权的距离等级。假设 f 非常好。然后，对于属于实例 i 同一类的实例，减去一个较小值（距离较近，等级较小），对于属于不同类的实例增加一个较大值（距离较远，等级较大）。由此，所得标准将与该度量空间区分类的程度密切相关。此外，根据实例相对于实例 i 的位置对标准进行加权增大或减小，以有利于局部性能。

```
*crit = 0.0 ;
    for (j=0 ; j<n_cases ; j++) {
        k = nc_iwork_ptr[j] ;          //排序实例的原始索引
        if (k == which_i)              //计算实例本身得分没有意义！
            continue ;
        if (class_id[k] == this_class)
*crit -= d_ijk_ptr[j] * weight_ptr[k] ;
        else
*crit += d_ijk_ptr[j] * weight_ptr[k] ;
    }
```

必须提到的是，由 Fereshteh Sadat Hoseininejad、Yahya Forghani 和 Omid Ehsani 发表的一篇论文"数据分类中局部特征选择的一种快速算法"中提出了另一种将实值 f 转换为二元 f 的方法。该方法提供了一个解析解，其计算速度要远快于本章介绍的随机方法。在实例相对较少时，会在计算时间上有显著差异。然而，如果有上千个实例，这种二元值转换所占用的时间不到总计算时间的 1%，因此在计算时间上不会有明显差异。鉴于本人的实际应用总是涉及大量实例，因此未采用这个新算法。

关于线程的简要说明

LFS 算法中的多线程处理特别容易，因为每个线程都只处理单个实例。线程之间没有交互，也不用传递特殊参数。多线程处理是由 LFS.CPP 文件中的 run()子程序实现的。有关多线程处理的详细说明，参见第 13 页的"多线程后向细化"。完全相信如果读者深入理解上述内容，那么对于更简单的 LFS 代码，一定会一目了然。

CUDA 权重计算

在本节中，需满足三个前提条件，如果读者不能全部满足，那么就没必要继续学习了（除了满足好奇心之外，这也是一项重要任务）。这些前提条件具体如下：

（1）从第 43 页开始介绍的计算权重的算法会以数学上完全相同的方式实现，但在计算方面，实现方式完全不同。这是因为 CUDA 计算本质上是并行运算的，而之前介绍的算法是串行执行的。如果想要理解并行算法，必须完全理解串行算法和基本数学。

（2）与串行实现中作为单个步骤（5）的计算不同，CUDA 会分为几个步骤实现第 40 页所述通用算法中的权重计算。所以需要充分理解大致算法。

（3）需要对 CUDA 编程有一个基本的理解。尽管不需要成为专家，因为这段代码很简单，但应该能够编写简单的 CUDA 代码。本节只是指导如何编写权重计算的 CUDA 代码，而不是 CUDA 学习教程。

本节中的所有 CUDA 代码都在 LFS_CUDA.cu 文件中，其中包括大多数错误检查代码。为了清晰，在此所列的讨论代码中省略了错误检查代码。严谨的程序员会检查 CUDA 子程序每一个可能出错的返回值，并在出错时采取适当的处理步骤。

将 CUDA 代码集成到算法中

每个 CUDA 模块都将在各个小节中阐述，在此首先简要概述这些模块是如何与第 39～40 页所述通用算法关联的。

在执行任何操作之前，必须调用 lfs_cuda_init() 将候选预测因子数据集复制到 CUDA 硬件。LFS 构造函数正是实现这一操作的恰当所在。而在 LFS 析构函数中调用 lfs_cuda_cleanup() 来释放所用的所有硬件内存。在任何情况下，上述调用分别是在第 39～40 页所述整个算法的开始之前和结束之后。

在步骤（1）和步骤（2）之间，调用 lfs_cuda_classes() 将每个实例的类 ID 复制到 CUDA 硬件。如果确定所有用户都不会进行蒙特卡罗置换检验，那么可在调用 lfs_cuda_init() 后立即在构造函数中执行上述操作。不过在开始主迭代循环之前执行会更安全更好。这样，如果类 ID 在 LFS 算法的多个调用之间发生置换，则可将置换的类复制到硬件上。

在步骤（3）和步骤（4）之间，即在处理实例之前的主迭代循环开始处，必须调用 lfs_cuda_flags() 将上次迭代的二元标志复制到 CUDA 硬件上，以用于权重计算算法。这在 CUDA 中等效于通用算法中的步骤（3）。

一旦准备好开始处理单个实例 [在步骤（4）中]，就执行一系列计算权重的 CUDA 调用。当然，在步骤（2）的第一次迭代中无需调用，因为权重初始都为 1。如果 LFS 的其余计算都是多线程处理的（唯一明智的方法），则在启动每个线程之前执行 CUDA 权重计算。这非常有利于 CUDA 权重计算中重叠的主 CPU 计算（处理先前启动的线程），使得每个线程同时工作。

当将要启动一个新的主线程时，所调用的 CUDA 子程序如下：

lfs_cuda_diff()——用于计算当前实例 i 和每个"其他"实例 j 之差的 n_vars* n_cases 矩阵。这是式（3.14）中的 $x^{(i)}-x^{(j)}$ 项。

lfs_cuda_dist()——用于计算当前实例 i 与每个"其他"实例 j 之间距离（依次在 n_cases 个度量下观测）的 n_cases*n_cases 矩阵。这是整个式（3.14）。回想一下，在固定的 i 下，k

为该矩阵的行，矩阵的列是"其他"实例 j。

lfs_cuda_mindist()——用于计算两个 n_cases 向量。一个是所有"其他"实例与当前实例 i 之间的最小距离（依次在 n_cases 个度量下观测），仅适用于与当前实例 i 同一类中的"其他"实例。另一个向量也同样，只不过是针对那些与实例 i 不同类的"其他"实例所计算的最小值。这分别是式（3.15）和式（3.16）。

lfs_cuda_term()——用于计算式（3.17）中 n_cases*n_cases 矩阵的每一项。

lfs_cuda_transpose()——对上述计算得到的矩阵项转置，以便利用并行规约算法进行求和。该矩阵的每一行由单个权重项 j 组成，每一列是度量 k。

lfs_cuda_sum()——转置矩阵中各行的项进行求和，并除以 n_cases 得到权重，如式（3.17）所示。

lfs_cuda_get_weights()——将在 CUDA 硬件中刚刚计算得到的权重向量传输到主 CPU。

初始化 CUDA 硬件

在执行其他操作之前，必须先调用 lfs_cuda_init()来分配设备上所需的所有内存，并将数据集复制到其中。这个复制操作只涉及候选预测因子，而不涉及关联实例的类 ID 向量。这样就可在重置类 ID 的蒙特卡罗置换循环中嵌入 LFS 的执行。

为便于参考，在此列出了主机静态变量及其 CUDA 硬件对应变量。以 d_开头命名的变量驻留在设备上，由硬件子程序使用。以 h_开头命名的变量驻留在主机中，且与设备变量的值相等。这样就因无需在启动时传入一堆参数而节省一点时间。尽管可将指针作为参数传递，但这也是时间开销。为此调用 cudaMemcpyToSymbol()将主机上的值复制到设备上的值。从而允许全局子程序处理设备上已设置的值，而不是使用传递的参数。

```
static          int ncases ;              //实例个数
__constant__ int d_ncases ;
static          int nvars ;               //变量 (候选预测因子) 个数
__constant__ int d_nvars;
static          int ncols ;               //接下来 5 个矩阵中的列数
__constant__ int d_ncols ;                //为保证内存对齐，为 (ncases+31)/32*32
static          float *h_data ;           //nvars*ncases 数据矩阵, 变化最快
__constant__ float *d_data ;
static          float *h_diff ;           //nvars*ncases 差值矩阵
__constant__ float *d_diff ;
static          float *h_dist ;           //ncases*ncases 距离矩阵[度量, 实例 j]
__constant__ float *d_dist ;
static          float *h_trans ;          //ncases*ncases 转置矩阵
__constant__ float *d_trans ;
static          int *h_flags ;            //nvars*ncases 二元矩阵(fprev)
__constant__ int *d_flags ;
static          int *h_class ;            //ncases 类向量矩阵
```

```
__constant__  int *d_class ;
static        float *h_minSame_out ;
__constant__  float*d_minSame_out ;
static        float *h_minDiff_out ;
__constant__  float *d_minDiff_out ;
```

如下所述，开始初始化子程序。将实例个数和变量个数复制到相应的静态变量中。一个关键操作是将实例个数（设备上的列）向上取整为 128 字节的倍数。这是因为 CUDA 硬件是通过 128 字节的路径来访问全局数据缓存。无论实际请求多少字节，每个全局内存访问都会传输 128 字节的倍数。通过确保矩阵中的每一行都是从 128 字节倍数的地址开始，来保证全局数据访问有效。

注意：之前已通过调用 cudaGetDeviceCount()（位于 CUDAHDWR.CPP 文件）设置 cuda_present 为硬件上存在的 CUDA 设备数。第一个设备（0）通常是用于视频显示的设备。如果有多个 CUDA 设备，通过未执行第一次计算来避免与显示设备竞争。最后，得到一些硬件信息，并将其大小复制到设备中。

```
int lfs_cuda_init (
    int n_cases ,          //实例个数
    int n_vars ,           //主机数据集中的列数（设备上的行）
    double *data ,         //n_cases*n_vars 数据矩阵
    char *error_msg        //在此返回错误消息
    )
{
    int i, j ;
    float *fdata ;
    cudaError_t error_id ;
    ncases = n_cases ;              //模块中的静态变量
    nvars = n_vars ;               //候选预测因子个数
    ncols = (ncases + 31) / 32 * 32 ; //为保证对齐，向上取整为 128 字节的倍数
    error_id = cudaSetDevice ( cuda_present - 1 ) ;
    cudaGetDeviceProperties ( &deviceProp , 0 ) ;
    cudaMemcpyToSymbol ( d_ncases , &ncases , sizeof(int) , 0 ,
                                              cudaMemcpyHostToDevice ) ;
    cudaMemcpyToSymbol ( d_nvars , &nvars , sizeof(int) , 0 ,
                                              cudaMemcpyHostToDevice ) ;
    cudaMemcpyToSymbol ( d_ncols , &ncols , sizeof(int) , 0 ,
                                    cudaMemcpyHostToDevice ) ;
```

接下来，给出为数据集分配内存，并将其从主机复制到设备的代码。这是初始化期间进行的唯一内存复制，由于其他内存分配也类似，因此为节省开销而忽略。下面是具体代码，接着是简要说明。

```
    memsize = ncols * nvars * sizeof(float) ;
    error_id = cudaMalloc ( (void **) &h_data , (size_t) memsize ) ;
    if (error_id != cudaSuccess) {
```

```
        //错误处理
        }
    cudaMemcpyToSymbol ( d_data , &h_data , sizeof(void *) , 0 ,
                                        cudaMemcpyHostToDevice ) ;
    //从主机复制，并对变化最快的实例进行转置
    fdata = (float *) MALLOC ( memsize ) ;
    for (i=0 ; i<ncases ; i++) {
        for (j=0 ; j<nvars ; j++)
            fdata[j*ncols+i] = (float) data[i*nvars+j] ;
        }
    error_id = cudaMemcpy ( h_data , fdata , memsize , cudaMemcpyHostToDevice ) ;
    FREE ( fdata ) ;
    fdata = NULL ;
    if (error_id != cudaSuccess) {
        //错误处理
        }
```

为每个候选预测因子行分配空间，其中列数是 ncols 而不是 n_cases，保证内存访问对齐以获得最大传输效率。然后，将已分配内存的地址（h_data）复制到设备（d_data），实现快速全局访问。

数据是以变化最快的变量存储在主机上，但为实现快速内存访问，在此将数据以变化最快的变量存储在设备上。此外，主机上的数据是 double 型，而在设备上是浮点型，为此需通过临时工作数组 fdata 进行转换。

计算与当前实例之差

式（3.14）要求计算每个"其他"实例 j 与当前实例 i 之差。将差值作为一个 n_vars 行 n_cases 列的矩阵保存在硬件上。注意，与 LFS 算法中用到的所有矩阵一样，在此为 ncols 列分配了预留空间，其中 ncols 是向上取整为 128 字节倍数（32 个 4 字节整型）的 n_cases。因此，除非实例个数恰好是 32 的倍数，否则行不完整。完全忽略并可能未初始化每行末尾的 ncols-n_cases 列。

可在主机上计算该差值矩阵，然后将其复制到 CUDA 设备，从而节省一些设备内存（用于保存数据集）。但与必须保存的几个更大的矩阵相比，这是一个相对较小的内存，且改变计算顺序会使得主机代码显著复杂。而且，对于 CUDA 而言，计算该差值矩阵非常快，要比主机上的串行计算快得多。综上，如何选择显而易见。

以下是该子程序的启动代码。在此获得 warp size（真正同时执行的最小线程个数），即使在整个生命周期中可能是 32。设块大小为实例个数，向上取整为一个整数 warp size 值，然后再将其限制为一个合理的 warp size 值。由于该算法不使用共享内存，且寄存器也很少，可将块设置较大，不过考虑到有些用户的硬件可能较旧，为此限制为 warp size 为 8。实例（j）由线程索引，变量由块中的 y 索引。接下来启动内核，等待执行结束。

```
warpsize = deviceProp.warpSize ;        //warp 中的线程数, 很可能为 32
threads_per_block = (ncases + warpsize - 1) / warpsize * warpsize ;
if (threads_per_block > 8 * warpsize)
    threads_per_block = 8 * warpsize ;
block_launch.x = (ncases + threads_per_block - 1) / threads_per_block ;
block_launch.y = nvars ;
block_launch.z = 1 ;
lfs_cuda_diff_kernel <<< block_launch , threads_per_block >>> ( icase ) ;
cudaThreadSynchronize () ;
```

下面是内核代码。按常规方式获取"其他"实例 j 的索引。在此需要三个指针: 一个用于当前实例 i, 一个用于"其他"实例 j, 还有一个用于保存差值。即使只有第一个 n_cases 元素包含有效数据, 每个所存储行的长度也均为 n_ncols。

经验丰富的 CUDA 程序员会立即判断出该子程序中的全局数据是否正确对齐, 在此对于初学者, 进行详细介绍。为数据矩阵和差值矩阵分配内存时, 编译器会保证都是从 128 字节倍数的地址开始分配的。此外, 在上述启动的代码中, 也可保证 blockDim.x(threads_per_block)是 128 字节的倍数, 而 d_ncols 是通过设计来确保是 128 字节的倍数。因此, 对于每个 warp 中的第一个线程, jcase_ptr 和 diff_ptr 的地址都是 128 字节的倍数。由此, 从这两个数组的全局内存中取值和保存数据都会完全对齐 128 字节的缓存大小, 从而实现最佳的数据传输。

尽管有所不同, 但对于 icase_ptr 仍是很好的。在此无需考虑对齐问题, 因为对于块中的所有线程, 地址都是相同的。因此, 可共享取值, 这意味着只需要一个全局取值。

```
__global__ void lfs_cuda_diff_kernel ( int icase )
{
    int jcase ;
    float *icase_ptr, *jcase_ptr, *diff_ptr ;
    jcase = blockIdx.x * blockDim.x + threadIdx.x ;
    if (jcase >= d_ncases)
        return ;
    icase_ptr = d_data + blockIdx.y * d_ncols + icase ; //which_i
    jcase_ptr = d_data + blockIdx.y * d_ncols + jcase ; //j
    diff_ptr = d_diff + blockIdx.y * d_ncols + jcase ;
    *diff_ptr = *icase_ptr - *jcase_ptr ;
}
```

计算距离矩阵

该子程序用于计算式(3.14)定义的 n_cases 平方的距离矩阵。矩阵中的每行对应一个度量 k, 每列对应一个实例 j。内存对齐和其他提高效率的措施尤为重要, 因为在处理一个较大问题时, 该子程序会比所有其他 CUDA 子程序消耗的总设备时间更多。

启动代码与上述介绍的差值子程序几乎相同, 只是块 y 的维度是 n_cases, 而不是 n_vars。

```
warpsize = deviceProp.warpSize ;          //warp 中的线程数, 很可能为 32
threads_per_block = (ncases + warpsize - 1) / warpsize * warpsize ;
if (threads_per_block > 8 * warpsize)
    threads_per_block = 8 * warpsize ;
block_launch.x = (ncases + threads_per_block - 1) / threads_per_block ;
block_launch.y = ncases ;
block_launch.z = 1 ;
lfs_cuda_dist_kernel <<< block_launch , threads_per_block >>> () ;
cudaThreadSynchronize () ;
```

下面是设备上的代码。经验丰富的 CUDA 程序员一看到对于所有变量的求和循环，就立刻会想到应该有一个更好的方法，即一个更适合 CUDA 的方法。事实上，若变量过多，则求和循环可能会导致产生视频显示超时的问题，特别是在较旧的硬件上运行该子程序时。另一方面，在 GTX 1080Ti 上，对于超过 2000 个实例和 220 个变量，启动运行仅需 2 毫秒。因此，相信还有很大的回旋余地，而无需将一次启动分成只做部分求和运算的多次启动。而且，对于大规模实际应用，在细粒度方面几乎没有任何影响，因为启动是在 y 上分为 n_cases 个块，在 x 上大约分为 n_cases/256 进行的。

```
__global__ void lfs_cuda_dist_kernel ()
{
    int ivar, jdiff, *flags_ptr ;
    float *jdiff_ptr, *dist_ptr, sum ;
    jdiff = blockIdx.x * blockDim.x + threadIdx.x ;
    if (jdiff >= d_ncases)
        return ;
    jdiff_ptr = d_diff + jdiff ;              //对于实例 j 的第一个变量
    flags_ptr = d_flags + blockIdx.y ;        //对于度量 blockIdx.y 的第一个标志
    sum = 0.0f ;
    for (ivar=0 ; ivar<d_nvars ; ivar++) {
        if (*flags_ptr)
            sum += *jdiff_ptr * *jdiff_ptr ;
        jdiff_ptr += d_ncols ;
        flags_ptr += d_ncols ;
        }
    dist_ptr = d_dist + blockIdx.y * d_ncols + jdiff ; //距离[metric,jcase]
*dist_ptr = sqrt ( sum ) ;
    }
```

这段代码中内存访问的检查值得关注。读取两个全局数组：刚刚计算的差值矩阵（保存在 d_diff 中）和在数学表示中记为 f 的二元所属标志矩阵（保存在 d_flags 中）。写入一个独立数组，即计算得到的距离矩阵（d_dist）。上节中讨论的关于计算差值的对齐问题也适用于 d_diff 和 d_dist。其起始地址对于每个 warp 中第一个线程是 128 个字节的倍数，且由于在求和循环中添加的是 d_ncols，这一特性在整个启动执行过程中继续不变。因此，在 warp 中的每个线程服务单个 128 字节事务。

尽管 d_flags 有些不同，但也执行正常。对于块中的所有线程，取值地址都相同，因此该值可共享。为此仅需一个取值地址。

最后，需要注意的是，由于 d_flags 在块的所有线程中都相同，因此无分支。

计算最小距离

一旦得到在每个度量 k 下观测的各个实例与当前实例 i 的距离矩阵，需要计算两个 n_cases 维向量。这些分别是"同一类"和"不同类"中所有"其他"实例 j 的最小值，由式（3.15）和式（3.16）定义。

该子程序采用了一种称为规约的相对先进算法，这比迄今为止的所有代码要复杂得多。在此并不深入讨论这一并行算法的完整教程，而只是分析总结所提供的代码。不熟悉规约算法的读者可参阅大多数 CUDA 编程图书。

启动两个独立内核来执行此任务，其中第一个内核较为复杂，接下来进行分析。这是第一个算法的启动代码。注意，在此所用的两个工作/输出数组是在 lfs_cuda_init()中分配的。

```
#define REDUC_THREADS 256 /* 必须为 2 的幂次! */
#define REDUC_BLOCKS 64
//在初始化代码中分配
    memsize = REDUC_BLOCKS * ncols * sizeof(float) ;
    error_id = cudaMalloc ( (void **) &h_minSame_out , (size_t) memsize );
    error_id = cudaMalloc ( (void **) &h_minDiff_out , (size_t) memsize );
    //启动代码
    blocks_per_grid = (ncases + REDUC_THREADS - 1) / REDUC_THREADS ;
    if (blocks_per_grid > REDUC_BLOCKS)
        blocks_per_grid = REDUC_BLOCKS ;
    orig_blocks_per_grid = blocks_per_grid ;
    block_launch.x = blocks_per_grid ;          //距离
    block_launch.y = ncases ;                   //度量
    block_launch.z = 1 ;
    lfs_cuda_mindist_kernel <<< block_launch , REDUC_THREADS >>> ( which_i ) ;
    cudaDeviceSynchronize() ;
__global__ void lfs_cuda_mindist_kernel ( int which_i )
{
    __shared__ float partial_minsame[REDUC_THREADS],
                                   partial_mindiff[REDUC_THREADS] ;
    int j, index, iclass ;
    float *dist_ptr, min_same, min_diff ;
    index = threadIdx.x ;
    iclass = d_class[which_i] ;
    dist_ptr = d_dist + blockIdx.y * d_ncols ;       //该度量下
    min_same = min_diff = 1.e30 ;
    for (j=blockIdx.x*blockDim.x+index ; j<d_ncases ; j+=blockDim.x*gridDim.x) {
        if (d_class[j] == iclass) {
```

```
            if (dist_ptr[j] < min_same && j != which_i)
                min_same = dist_ptr[j] ;
            }
        else {
            if (dist_ptr[j] < min_diff)
                min_diff = dist_ptr[j] ;
            }
        }
    partial_minsame[index] = min_same ;
    partial_mindiff[index] = min_diff ;
    __syncthreads() ;
    for (j=blockDim.x>>1 ; j ; j>>=1) {
        if (index < j) {
            if (partial_minsame[index+j] < partial_minsame[index])
                partial_minsame[index] = partial_minsame[index+j] ;
            if (partial_mindiff[index+j] < partial_mindiff[index])
                partial_mindiff[index] = partial_mindiff[index+j] ;
            }
        __syncthreads() ;
        }
    if (index == 0) { //min [ sub-part , metric ]
        d_minSame_out[blockIdx.x*d_ncols+blockIdx.y] = partial_minsame[0] ;
        d_minDiff_out[blockIdx.x*d_ncols+blockIdx.y] = partial_mindiff[0] ;
        }
    }
```

上述分配的两个数组（实际上是在初始化时分配的）既可存储规约操作的临时值，也可作为由式（3.15）和式（3.16）定义的两个向量的输出。

注意：作为该算法源数据的距离矩阵是以每行对应一个度量进行排列的。此时的目标是搜索每一行的最小值（分别针对"同一类"和"不同类"）。下面的讨论是针对仅考虑单行的情况。块中的 y 值决定了正在处理的行，这些行是以相同方式独立处理的，所以各行之间没有交互。为此在讨论中仅考虑一行。

将距离矩阵中的一行可视化为单个水平向量。现在，想象一下，将该向量重新构造成一个具有 REDUC_THREADS 列的矩阵。在该假想矩阵的第一行中包含每个被执行度量的第一个 REDUC_THREADS 距离，下一行包含下一个 REDUC_THREADS 距离，依此类推。显然，这个重组矩阵的行数为 n_cases/REDUC_THREADS，并向上取整（最后一行通常不完整）。查看启动代码，可知 blocks_per_grid（块的 x 大小）设置为该值，除非已限制为预定义的 REDUC_BLOCKS，不过该值对于执行速度并不关键，对算法的正确性也无影响。

现在分析规约内核。注意，现在分配了两个共享数组，一个用于"同一类"计算，另一个用于"不同类"。这是一个可由块中所有线程共享的片上内存（执行速度非常快）。

索引是严格地由线程决定，而块不起任何作用。获取当前实例 i 的类，这是一个全局内存访问，由于对于块中所有线程都是常量，因此只需在一个事务内即可完成。在此，设 dist_ptr 为指向对应于度量 y 的距离向量。

将同一类和不同类的最小距离初始化为一个较大值。在实践中，下面的循环在应用程序中几乎总是毫无意义，但是为保证程序严格，还是在此保留（即使会使得内核执行速度稍慢一些）。稍后会继续讨论这一问题，现在首先分析在循环内部的具体执行。

在每次循环执行中，都考虑一个"其他"实例 j，在 dist_ptr[j] 中保存了其与当前实例 i 之间的距离。如果该实例与当前实例在同一类中，则更新"同一类"的最小距离，而如果在不同类中，则更新"不同类"的最小距离。当然，如果是在同一类中，还必须确保与当前实例不是同一实例，因为之间的距离为零，测试毫无意义！

继续讨论循环。考虑第一次执行，并回顾之前对距离向量的可视化假想矩阵。第一块中的第一个线程将指向假想矩阵中的左上角元素，即第一行中的第一列。块中的下一个线程指向该行中的下一列，依此类推，直到线程的最大值 REDUC_THREADS-1 指向该行中的最后一列。同理，第二个 x 块中的第一个线程指向假想矩阵中第二行的第一列。换句话说，块的 x 值指定假想矩阵的行，而线程指定矩阵的列。

那么，该假想矩阵包含多少个元素呢?其中，行数为 blocks_per_gridrows，其值限制为 REDUC_BLOCKS=64（见启动代码），列数为 REDUC_THREADS=256。因此假想矩阵最多可含有 $64 \times 256=16384$ 个元素。

在第一次循环中，j 指向假想矩阵中位于 blockIdx.x 行 index 列的元素。在处理完该元素之后（用于更新最小值），j 值增加 blocks_per_grid*REDUCT_THREADS。若在启动程序中未限定 blocks_per_grid 值为 REDUC_BLOCKS，则该值将设置为包含所有实例所需的行数，且最后一行通常不完整。因此，加上循环增量将会使得 j 大于 d_ncases，从而导致在第一次执行后就循环结束。因为除非实例数超过 16384，否则不会出现这种限制，所以在 VarScreen 程序的任何实际应用中，只需执行一次循环。一些读者可能希望将该循环操作改为单条指令，以节省少量计算时间。在此，执行循环操作是为了表明算法的"正确"实现。

为了分析全面，现在考虑当实例数大于 REDUC_BLOCKS*REDUC_THREADS 时会是什么情况，即使这在 VarScreen 程序中是几乎不可能发生的。在第二次循环中，会观察到实例位于与第一次循环相同的列，而行正好小于 REDUC_BLOCKS。此时，会在同一类和不同类的最小值中都会计入该元素。在第三次循环时，该元素又会在下一个 REDUC_BLOCKS 行出现，以此类推。最终结果是：整个循环完成后，超过初始 REDUC_BLOCKS 块的所有数据都在两者最小值中计入，因此会忽略。

聪明的读者可能想知道最后一行末尾处未使用的项会发生什么情况。例如，已知 REDUC_THREADS 设置为 256。如果有 257 个实例，会是什么情况呢?在此将启动两个 x 块（假想矩阵中的两行），但是第二行只有一种有效实例；其余 255 列将忽略不计。在这种情况下，只有索引为 0 的线程才会处理循环。而第二个块中的其他 255 个线程甚至不会执行第一次循环。例如，当第二个块的索引（blockIdx.x=1）为 1 时，j 的起始值为 $1 \times 256+1=257$，不小于 d_ncases=257。因此，线程 1 执行循环，其后的线程立即退出循环，这意味着 min_same 和 min_diff 都将保持为较大的初始化值。

循环完成后，两个最小值分别存放于线程各自的共享内存槽中。切记，每个块都有各自的私有共享内存，仅对块中的所有线程可见，而对其他线程不可见。因此，此时得到的是对于每个块（假想矩阵中的行），每个线程的最小值（假想矩阵中的列）。

就当前 VarScreen 应用程序而言，还未完成任何非常复杂的工作。因为假设（尽管要求不高）实例数不超过 16384 个，所执行的操作只是将这些距离值从全局内存复制到快速共享内存，尽管在复制过程中是根据位于同一类还是不同类来区分距离的。必须在 __syncthreads() 处暂停，以确保块中的所有线程都已处理，因为 CUDA 不保证任何特定 warp 的执行顺序。暂停执行并不会浪费时间，因为暂停的线程消耗资源很少，调度程序会分配执行其他块。

接下来是关键部分。考虑一个块（假想矩阵中的行）。下一个循环初始化 j 为 256>>1=128。if(index<j) 判断意味着只有处理每行中前半列的线程才能执行下一指令。在此比较列 j 中的元素与行中正好一半的对应列（即 $j+128$ 列），并将当前列设置为两者中的较小值。对于同一类数组和不同类数组分别进行。因此，在完成一次遍历循环后（128 个线程都执行该操作），所需的列数已减少一半。现在，在每一行中，前 128 列已包含成对的最小值，由此可忽略其余 128 列；在第一次循环中，已得到所需的所有值。

再次暂停，直到块中的所有线程都执行完，然后继续第二次循环。现在 $j=64$，即每个块中只有前 64 个线程参与。前 64 列中的每一列都与相应的后 64 列进行比较，然后在当前列中保存较小值。在完成第二次循环后，再次将所需的列数减少一半（为 64 列）。

重复上述过程，直到达到 $j=1$ 的最后一次循环。现在，在每个块中，只有一个线程参与。

比较第一列与第二列，并将两者中的较小值保存在第一列。这时已将信息减少到每一行（块）只有一个值，且每个块的值位于该块的共享内存[0]中。

最后一步是将按行计算的最小值保存到为同一类和不同类分配的全局内存中。回想一下，块中的每个线程都共享同一共享内存（好名字），因此任何线程都可执行存储操作。具体是哪个线程执行存储并不重要，重要的是只能有一个线程执行。否则，将会在全局内存的存储时产生争用，这不是一个好现象。大多数人都会随意选择线程 0 来执行存储操作。

注意：为了清晰，此处的讨论主要集中在距离矩阵的一行（度量）上，该行是由块的索引 y 决定。但在执行存储操作时，必须注意将结果存储在正确位置。

现在几乎实现了全部操作，但并未最终完成。如果假想矩阵中只有一行（最多 REDUC_THREADS=256 个实例），则已全部完成。但可能会有更多实例，而目前对于每行/块，只有单独一个行最小值（指假想矩阵）。为此，需要遍历所有 blocks_per_grid 行并找到其中最小值。通过第二个内核很容易实现：

```
__global__ void lfs_cuda_mindist_kernel_merge ( int blocks_to_merge )
```

```
{
    int i, metric ;
    float min_same, min_diff ;
    metric = blockIdx.x * blockDim.x + threadIdx.x ;
    if (metric >= d_ncases)
        return ;
    min_same = min_diff = 1.e30 ;
    for (i=0 ; i<blocks_to_merge ; i++) {
        if (d_minSame_out[i*d_ncols+metric] < min_same)
            min_same = d_minSame_out[i*d_ncols+metric] ;
        if (d_minDiff_out[i*d_ncols+metric] < min_diff)
            min_diff = d_minDiff_out[i**d_ncols+metric] ;
        }
    d_minSame_out[metric] = min_same ;
    d_minDiff_out[metric] = min_diff ;
    }
```

第二个内核的启动代码如下：

```
warpsize = deviceProp.warpSize ;           //warp 中的线程数, 很可能为 32
    threads_per_block = (ncases + warpsize - 1) / warpsize * warpsize ;
    if (threads_per_block > 8 * warpsize)
        threads_per_block = 8 * warpsize ;
    blocks_per_grid = (ncases + threads_per_block - 1) / threads_per_block ;
    lfs_cuda_mindist_kernel_merge <<< blocks_per_grid , threads_per_block >>>
                    ( orig_bloc ks_per_grid ) ;
```

注意：对于每个实例，都有一个度量（一组所属标志变量）。现在由其来定义线程。这个一维值就是启动时所需的。将需要合并的块数作为参数传递；在启动第一个内核时已保存了该参数。

这个简单内核只是遍历所有初始块，跟踪最小值，然后将此结果保存在最终输出区。注意，观察到在此为这两个数组分配的内存远大于输出结果所需，以便也可存储第一个内核中规约算法的临时结果。

值得注意的是，在这个内核中内存完全对齐。两个工作/输出数组最初都是在缓存区边界上分配，其中每行是 128 个字节的倍数（d_ncols），且相邻线程的倍数访问这两个向量的相邻元素。

计算权重方程项

式（3.17）是由 n_cases*n_cases 项矩阵组成，其中每项都是差值的负指数。现在，已有这样一个距离矩阵，很容易将该距离矩阵转换为项矩阵。下面是启动代码，对于"实例权重"维度中的每个实例都有一个线程，对于度量维度中的每个实例都有一个块。

```
warpsize = deviceProp.warpSize ;      //warp 中的线程数, 很可能为 32
    threads_per_block = (ncases + warpsize - 1) / warpsize * warpsize ;
    if (threads_per_block > 8 * warpsize)
        threads_per_block = 8 * warpsize ;
```

```
        block_launch.x = (ncases + threads_per_block - 1) / threads_per_block ;
        block_launch.y = ncases ;
        block_launch.z = 1 ;
        lfs_cuda_term_kernel <<< block_launch , threads_per_block >>> ( iclass ) ;
```

内核代码如下，接着是具体说明。

```
    __global__ void lfs_cuda_term_kernel ( int iclass )
    {
        int jcase ;
        float *dist_ptr, mindist ;
        jcase = blockIdx.x * blockDim.x + threadIdx.x ;
        if (jcase >= d_ncases)
            return ;
        if (d_class[jcase] == iclass)
            mindist = d_minSame_out[blockIdx.y] ;
        else
            mindist = d_minDiff_out[blockIdx.y] ;
        dist_ptr = d_dist + blockIdx.y * d_ncols + jcase ; //距离[度量,实例 j]
    *dist_ptr = exp ( mindist - *dist_ptr ) ;
    }
```

在此，将当前实例 i 的类作为参数传递。这是由于在式（3.17）中必须根据"其他"实例 j 是否与当前实例 i 属于同一类，从每个距离中减去同类最小距离或不同类最小距离。

如果实例 i 和 j 在同一类中，选择同类最小距离作为适当的最小值，否则，选择不同类最小距离。当然，这个最小值还取决于所取度量［式（3.17）中的 k，即代码中块的 y 值］。最后，只需选择距离矩阵中的正确元素，并将该距离转换为权重计算矩阵中的一项。

转置项矩阵

在上述内核中，内存完全对齐。不过，为了计算权重，需要对所有行按列求和。该操作需要一些非 CUDA 式的计算！因此，尽管由于内存暂停，在全局内存中对矩阵进行转置可能会相对耗时，但仍需这样做，以便能够使用非常高效的规约算法按列进行求和。就地进行转置以节省内存当然最好，但该操作相当复杂，且现代 CUDA 设备具有大量内存，为此选择分配一块单独的内存。该内核非常简单；在此省略了启动代码。

```
    __global__ void lfs_cuda_transpose_kernel ()
    {
        int jcase ;
        float*term_ptr, *trans_ptr ;
        jcase = blockIdx.x * blockDim.x + threadIdx.x ;
        if (jcase >= d_ncases)
            return ;
        term_ptr = d_dist + blockIdx.y *d_ncols + jcase ;      //项[度量,实例 j]
        trans_ptr = d_trans + jcase * d_ncols + blockIdx.y ;   //转置[实例 j,度量]
    *trans_ptr = *term_ptr ;
    }
```

权重项求和

最后的计算步骤是对转置的项矩阵中每一行进行求和。在此采用与计算最小距离时相同的规约算法。下面是规约内核代码。工作原理与最小距离子程序中完全一样，只是当时是求最小项，而在此是对各项求和。不过需要注意的是，需借用 d_minSame_out 来计算和输出权重。由于不再需要该数组，所以最好使用该数组，而不是分配一个单独的权重数组。

```
__global__ void lfs_cuda_sum_kernel ()
{
    __shared__ float partial_sum[REDUC_THREADS] ;
    int i, index ;
    float sum, *term_ptr ;
    index = threadIdx.x ;                        //与度量相关
    term_ptr = d_trans + blockIdx.y * d_ncols ; //该实例
    sum = 0.0f ;
    for (i=blockIdx.x*blockDim.x+index ; i<d_ncases ; i+=blockDim.x*gridDim.x)
    sum += term_ptr[i] ;
partial_sum[index] = sum ;
    __syncthreads() ;
    for (i=blockDim.x>>1 ; i ; i>>=1) {
        if (index < i)
            partial_sum[index] += partial_sum[index+i] ;
        __syncthreads() ;
        }
    if (index == 0) //We borrow d_minSameOut
        d_minSame_out[blockIdx.x*d_ncols+blockIdx.y] = partial_sum[index] ;
    }
```

这是求和所用两个内核中的第一个，即规约阶段。下面是对规约后剩余的块进行求和的内核，随后是启动代码。

```
__global__ void lfs_cuda_sum_kernel_merge ( int blocks_to_merge )
{
    int i, jcase ;
    float sum ;
    jcase = blockIdx.x * blockDim.x + threadIdx.x ;
    if (jcase >= d_ncases)
        return ;
    sum = 0.0 ;
    for (i=0 ; i<blocks_to_merge ; i++)
        sum += d_minSame_out[i*d_ncols+jcase] ;
    d_minSame_out[jcase] = sum / d_ncases ; //这是最终权重
}
    blocks_per_grid = (ncases + REDUC_THREADS - 1) / REDUC_THREADS ;
    if (blocks_per_grid > REDUC_BLOCKS)
```

```
            blocks_per_grid = REDUC_BLOCKS ;
        orig_blocks_per_grid = blocks_per_grid ;
        block_launch.x = blocks_per_grid ;        //度量
        block_launch.y = ncases ;                 //实例
        block_launch.z = 1 ;
    lfs_cuda_sum_kernel <<< block_launch , REDUC_THREADS >>> () ;
        cudaDeviceSynchronize() ;
        warpsize = deviceProp.warpSize ;          //warp 中的线程数, 很可能为 32
        threads_per_block = (ncases + warpsize - 1) / warpsize * warpsize ;
        if (threads_per_block > 8 * warpsize)
            threads_per_block = 8 * warpsize ;
        blocks_per_grid = (ncases + threads_per_block - 1) / threads_per_block ;
        lfs_cuda_sum_kernel_merge <<< blocks_per_grid , threads_per_block >>>
                            ( orig_blocks_per_grid ) ;
```

权重迁移到主机

现在, 所有计算都已完成。剩下的工作就是将 (浮点型) 权重迁移到主机 (在此是 double 型)。该代码很简单。在此只计算了 n_cases 个权重, 但将其向上取整到 ncols 个。当然, 取 n_cases 个权重就足够, 但考虑到一些未来实现中可能需要获取尽可能多的分配个数 (不太可能, 但为保险起见), 在此实际上取了所有 ncols 个权重。如果认为不需要, 可随意更改。然后复制权重, 将其从浮点型转换为 double 型。尽管这种复制操作出错的可能性非常小, 但严谨的程序员还是会进行错误检查并妥善处理。

```
int lfs_cuda_get_weights ( double *weights , char *error_msg )
{
    int i, memsize ;
    char msg[256] ;
    cudaError_t error_id ;
    memsize = ncols* sizeof(float) ;
    error_id = cudaMemcpy ( weights_fdata, h_minSame_out , memsize,
            cudaMemcpyDeviceToHost ) ;
  for (i=0 ; i<ncases ; i++)
        weights[i] = weights_fdata[i] ;
    if (error_id != cudaSuccess) {
        //错误处理
        }
    return 0 ;
}
```

局部特征选择示例

在此创建了一个由大约 4000 个实例和 10 个变量 (X0～X9) 构成的数据集。每个随机变量在[-1, 1]上均匀分布。变量 X3 和 X4 决定了分类。如果 X3 和 X4 都为正或都为非正,则实例属于某一类。如果其中一个变量为正，而另一个变量非正，则实例属于另一类。对于许多特征选择算法来说，这是一个难题，因为这些变量对于两类的边际分布相同，且其中一个变量与类之间的关系特性是由另一个变量的值决定的。以下是 LFS 算法的输出：

```
**********************************
*                                                    *
* Computing Local Feature Selection for predictor subset    *
*        10 predictor candidates                     *
*          5 predictors at most will define a metric space  *
*          2 target bins                             *
*          3 iterations of LFS algorithm             *
*        500 random trials for real-to-binary f conversion  *
*         20 trial values for beta optimization      *
*        100 replications of complete Permutation Test *
**********************************
----------------> Percent of times selected <-----------------
       Variable        Pct        Solo pval      Unbiased pval
         X3           96.26        0.0100           0.0100
         X4           69.62        0.0100           0.0100
         X0            4.66        1.0000           1.0000
         X1            2.94        1.0000           1.0000
         X6            2.29        1.0000           1.0000
         X7            1.76        1.0000           1.0000
         X9            1.13        1.0000           1.0000
         X8            0.58        1.0000           1.0000
         X2            0.53        1.0000           1.0000
         X5            0.39        1.0000           1.0000
```

有点奇怪的是，尽管在分类预测中的作用相同，但选择 X3 要比 X4 更频繁（经常会出现这种情况）。毫无疑问，这是一个会随着一组不同随机实例而变化的随机事件。显然，选择这两个变量的频率要远高于其他毫无价值的竞争对手。此外，所计算的单独 p 值和无偏 p 值令人印象深刻，使得该算法得出的结论无任何问题。

关于运行时的解释说明

这种局部特征选择算法存在一个缺点，在某些情况下可能无法应用。其运行时与实例数量的立方成正比。对于现代计算机，尤其是具备支持 CUDA 的视频硬件的计算机，处理数千个实例应该绰绰有余。但是，如果真正处理数千个实例，运行时将会变得非常缓慢，以至于不切实际。

第4章
时间序列特征的记忆特性

本章主要介绍一种与其他大多数选择方法完全不同的特征选择方法。在大多数实际应用中，预测变量（特征）的测量值与目标变量（可能是数值或类成员）的测量值直接相关。传统特征选择方法是寻找候选预测因子与一个或多个目标之间的直接关系，将每个案例（一组测量值）看作一个独立样本进行处理。

在本章中，重点分析一种适用于非独立样本情况下功能强大的特征选择算法。尤其是假设在特征样本的时间序列中存在记忆功能。这种记忆形式采用隐马尔可夫模型进行表示。有关隐马尔可夫模型的详细数学解释已超出本书范畴，不过可在其他地方很容易地找到相关资料。本章将着重介绍隐马尔可夫模型的基本要素，特别是在特征选择方面。

传统特征选择算法是假设预测因子和目标之间存在直接关联关系。但在本章中，是基于一种潜在的假设条件，即所研究过程的状态会同时影响预测因子和目标。假设这一过程在任何时候都存在于两个或两个以上的可能状态中。任一给定时间下的状态都会影响相关变量的分布。其中一些变量在当前时刻是可观察的（预测因子），而另一些变量在当前时刻可能是未知但又非常关键的（目标）。在这种情况下，目的是利用可观测变量的测量值来确定（或有根据地猜测）过程的状态，然后再利用这些信息来估计不可观测感兴趣变量（目标）的值。

隐马尔可夫模型假设连续过程具有一条重要特性：当前观测时刻下给定状态的概率取决于在上一观测时刻过程的状态。这就是隐马尔可夫模型固有的记忆特性。

上述记忆特性在一些应用中非常有用。例如，可有效防止决策应用程序中的不断反复。假设某一状态在现实生活中是趋于平稳的。如果观测变量中存在较大随机噪声，那么一般预测方法都会受到影响，从而可能会导致在偶然情况下反复进行决策。但隐马尔可夫模型固有的记忆特性将会倾向于保持决策稳定，即使是在测量变量中的噪声试图反复影响决策的情况下。不过，这种记忆特性的缺点是往往会导致决策延迟；模型可能需要通过多个观测值来确认状态是否发生变化。但这通常是值得付出的代价，特别是在具有较大噪声的情况下。

隐马尔可夫模型的一个典型应用是在金融市场中的预测。也许开发商假设总是处于牛市（长期上升趋势）、熊市（长期下降趋势）或平市（无长期趋势）。顾名思义，牛市和熊市都包含一段较长时间；市场不会在一天内从牛市变为熊市，然后第二天又变回牛市。这种趋势变化只是长期变化中的短期波动。如果通过频繁观察来每日预测市场是处于牛市还是熊市，那么这些决策往往会朝令夕改。利用隐马尔可夫模型记忆特性的最大优点在于可保持行为平稳。

简单数学概述

本节主要对所涉及的数学知识进行概述。为便于直观理解，在此特意忽略数学的严谨性，以使得这些内容更容易被数学背景较为薄弱的读者所接受和消化。例如，在此称为似然数的值实际上并不完全是由于计算稳定性所需的归一化。但两者非常相似，功能相同，且均可提供正确结果。此外，也未区分联合概率和条件概率。此处的唯一目的是给出算法的关键方程，以及直观证明。接下来，首先进行命名。

- 具有 T 个观测值 x_0，x_1，x_2，$\cdots$，x_{T-1}。在本节中假设每个观测值都是实数。不过应该清楚，这些观测值也可以是实值向量或类成员代码。

- 所研究过程总是处于 N 种可能状态中的一个状态。在金融市场预测应用中，可以选择三种假设状态：牛市、熊市和平市。在实际应用中，应限定尽可能少的假设状态，因为随着假设状态的数量增加，运行时间和计算脆弱性都会急剧增大。

- 过程在时刻 t 的状态记为 $q(T)$，其中 t 的范围是 0～T-1，$q(T)$的取值可以是 1，2，$\cdots$，N。

- 从状态 i 转移到状态 j 的概率记为 a_{ij}。当 $i=j$ 时，表明这是在过程中保持同一状态的概率。上述概率定义如式(4.1)所示。

$$a_{ij} = p[q(t) = j \mid q(t-1) = i] \tag{4.1}$$

- 当过程处于状态 i 时，观测值 x 将遵循概率密度函数为 $f_i(x)$ 的分布。每个状态都具有各自的观测分布。若观测值为离散值，则这些密度函数将是实际概率，若观测值是实数或实值向量，则将是密度函数而不是概率。

- 第一个观测值（且仅第一个）x_0 具有一组处于各种可能状态的先验概率。分别记为 $p_0(1)$、$p_0(2)$、$\cdots$、$p_0(N)$。在金融市场预测应用中，可能会根据对 $t=0$ 时刻市场历史行为的了解来设置这些先验概率。如果没有设置先验概率的基本信息，那么根据贝叶斯原理的未知情况下均匀分布原则，应设置各个先验概率均相等。

隐马尔可夫模型可由以下三个属性进行完备定义：

（1）N 个初始概率 $p_0(1)$，$p_0(2)$，$\cdots$，$p_0(N)$。

（2）i,j 分别从 1 到 N 的 N^2 个转移概率集合 a_{ij}。

（3）i 从 1 到 N 的概率密度函数集合 f_i。

前向算法

假设在时刻 t 已有包括该时刻在内的观测值：x_0，x_1，$\cdots$，x_t。同时假设已知模型的所有参数，即上述列出的三种属性。然后，在离散观测情况下，可计算所得观测值的概率。在连续观测情况下（观测值为实数或实向量），可计算所得观测值集合的似然性。本节将介绍一种平稳方法来计算这种似然性的有效替代（在此仍称之为似然性，尽管有些不准确；请参阅第 74 页的严格正确表述）。

不过首先考虑为何要计算这种似然性（或概率）。毕竟，现在已有一组观测值。为什么还要对该观测集合的似然性感兴趣？原因在于最终目标是颠倒得出该似然性的模型属性顺序；与之正好相反，在此是希望根据观测似然性来分析模型属性。这种常用的统计方法称为最大似然估计。在本节第一段中有这样一句描述："同时假设已知模型的所有参数，即上述列出的三种属性。"但现在对参数未知！只是已知观测值，并想要根据这些观测值来估计模型的参数。

最大似然估计方法的内在原理很简单：寻找使得观测值似然性最大化的一组模型参数。大致而言，这意味着是在所有可能的模型中，寻找使得所得观测值最似然的一个模型。

返回所讨论的主题。在时刻 t 已有该时刻的观测值。设 $\alpha_t(i)$ 为在时刻 t 处于状态 i 的条件下获得这些观测值的似然性。如式（4.2）所示。显然，此时处于何种状态未知；这根本不是所谓的隐马尔可夫模型！另外，值得注意的是，此处的符号是希腊字母"α"而不是字母"a"，表示上述提到的转移概率。式中的字符"L"用于强调在连续情况下，这是一种似然性，而不是概率。

$$\alpha_t(i) = L(x_0, x_1 \cdots, x_i \mid q(t) = i) \tag{4.2}$$

在此，已定义状态 i 下初始观测值的概率为 $p_0(i)$。这可推广到在给定时刻 t 的观测值条件下，在时刻 t 处于状态 i 的概率。贝叶斯定理如式（4.3）所示。在此，为避免变量符号过多，仅用 $p_t(i)$ 表示，省略与先前观测值相关的联合特性，不过应理解其存在含义。

$$p_t(i \mid x_0, \cdots, x_t) = \frac{\alpha_t(i)}{\sum_{j=1}^{N} \alpha_t(j)} \tag{4.3}$$

回顾条件概率的基本法则 P(A)=P(A|B)·P(B)，同样适用于此处的似然性。这可允许计算过程处于状态 i 条件下，与第一次观测值相关的似然性 $\alpha_0(i)$，如式（4.4）所示。式中，$f_i(x_0)$

是指 x_0 处于状态 i 条件下的概率密度，$p_0(i)$ 为处于状态 i 的概率。

$$\alpha_t(i) = f_i(x_0) p_0(i) \tag{4.4}$$

初始观测值可能是过程处于 N 个可能状态中任一状态下得到的，因此与第一次观测值相关的似然性 x_0 是各个似然性之和，如式（4.5）所示。

$$L(x_0) = \sum_{j=1}^{N} \alpha_0(i) \tag{4.5}$$

现在，确定在时刻 t 观测值的似然性；将其作为第一次观察值，从该观测值开始，然后继续第二次观测值。事实上，在此采用更通用的方法。利用递归方法由 $\alpha_t(i)$ 得到 $\alpha_{t+1}(i)$。

接下来，可利用式（4.3）来计算时刻 t 处于每种状态的概率，切记这不是绝对概率；而是与先前观测值相关联。该式在递归运算中非常关键。

在计算第一次观测值的似然性时，幸运的是模型本身设定了初始概率 $p_0(1)$、$p_0(2)$、…、$p_0(N)$。但在第一次观测之后，就需要自行解决了。此时需要仿照式（4.4），只是变为时刻 $t+1$ 而不是时刻 0。不过存在一个问题，即会在上次时刻 t 从 N 个可能状态到达状态 i。因此，必须对来自每个可能状态的似然性求和。

在时刻 t 从状态 j 转移到在时刻 $t+1$ 处在状态 i 的概率是在时刻 t 处于状态 j 的概率乘以从状态 j 转移到状态 i 的概率。前者是已知的 $p_t(j)$，后者是模型参数。在此，必须对状态 j 的所有 N 个可能值求和。为此，式（4.4）的递归实现由式（4.6）给出。

$$\alpha_{i+1}(i) = f_i(x_{t+1}) \sum_{j=1}^{N} [p_t(j) a_{ji}] \tag{4.6}$$

正如在式（4.5）中对第一次观测的操作，可在给定之前观测值的情况下，得到当前观测值 x_{t+1} 的似然性，如式（4.7）所示。

$$L(x_{t+1}) = \sum_{j=1}^{N} \alpha_{t+1}(i) \tag{4.7}$$

根据乘法法则，从第一次观测到最后一次观测的整个观测集合的净似然是由式（4.7）给出的单个似然之积。然而，不能这样计算。原因是这些似然非常小，尤其是在数据无法由隐马尔可夫模型很好解释的情况下。这些项的乘积会在瞬间降为零。因此，为计算净似然，针对每种情况，对式（4.7）取对数，并将所有对数求和。这是最大似然情况下的标准操作，除了极特殊情况之外，几乎都是采用上述操作。

接下来，介绍前向递归算法的实现代码。这些代码位于 HMM.CPP 文件中。有关 HMM 类的详细信息将随后介绍。现在仅处理前向递归算法。通过转移矩阵 **these_transitions** 调用 **forward()** 子函数。其他必需项已计算得到，并可作为类的私有成员使用。以下是前几行代码；紧接着是具体分析。

```
double HMM::forward ( double *these_transitions )
{
    int i, j, t ;
    double sum, denom, log_likelihood, *prior_ptr, *trans_ptr ;
    denom = 0.0 ;
    for (i=0 ; i<nstates ; i++) {
        alpha[i] = init_probs[i] * densities[i*ncases] ;       //式(4.4)
        denom += α[i] ;                                        //式(4.5)
        }
    log_likelihood = log(denom) ;
    for (i=0 ; i<nstates ; i++)
    α[i]/=denom                                                //式(4.3)
```

在上述代码中，**densities**（概率密度）是一个 **nstates**(N)***ncases**(T)的矩阵，其中包含所有 N 种状态（矩阵中的行）和情况（矩阵中的列）的 $f_i(x_t)$。因此，**densities[i*ncases]** 为 $f_i(x_0)$，即处于状态 i 条件下，第一种情况的概率密度函数。数组 **init_probs** 中包含初始情况状态概率 $p_0(i)$，这是模型完整参数集合中的一部分。在利用式（4.3）将似然转换为概率时，将结果保存在 **alpha** 中；无需一个单独的概率数组。

现在开始进行递归。这段代码中最重要的一点是位于三层嵌套循环中注释掉的那一行，表明了下一行的执行内容。稍后将会看到 **forward()** 本身在一个大的循环中调用。在整个最大似然优化算法中，这种乘法/求和运算是占用 CPU 时间最多的运算，因此应尽可能提高算法执行的速度和效率。本人认为采用指针编程方式即可，不过也可以尝试其他方法。

```
for (t=1 ; t<ncases ; t++) {
    prior_ptr = alpha + (t-1) * nstates ;
    denom = 0.0 ;
    for (i=0 ; i<nstates ; i++) {
        trans_ptr = these_transitions + i ;
        sum=0.0;
        for (j=0 ; j<nstates ; j++) {
//          sum += alpha[(t-1)*nstates+j] * these_transitions[j*nstates+i] ;
            sum += prior_ptr[j] * *trans_ptr ;                //式(4.6) 中的求和运算
            trans_ptr += nstates ;
            }
        alpha[t*nstates+i] = sum * densities[i*ncases+t] ;    //式(4.6)
        denom += alpha[t*nstates+i] ;                         //式(4.5)
    log_likelihood += log(denom) ;
    for (i=0 ; i<nstates ; i++)
        alpha[t*nstates+i] /= denom ;                         //式(4.3)
        }
        return log_likelihood;
        }
```

后向算法

正如在时域中前向运动，从第一次观测开始递归，也可以在时域中后向运动，从最后一次观测开始递归。首先定义反向计算（替代）似然如式（4.8）所示。时刻 t 的似然涵盖了从下一次观测到最后一次观测的所有情况。

$$\beta_t(i) = L[x_{t+1}, x_{t+2}, \cdots, x_{T-1} \mid q(t) = i] \qquad (4.8)$$

必须保证时刻 T-1 任意但必须为开始的似然（最后一次观测）对于所有状态为 1：即对于所有的状态 i，$\beta_{T-1}(i)=1$。从此开始后向递归，如式（4.9）所示。其中，p 项是通过在每一步对 β 项进行归一化得到，与前向算法中式（4.3）的作用完全相同。即使在第一步也是如此，因此对于所有的状态 i，$p_{T-1}(i)=1/N$。

$$\beta_t(i) = \sum_{j=1}^{N} [f_j(x_{t+1}) p_{t+1}(j) a_{ij}] \qquad (4.9)$$

在此，并不讨论上式的严格推导，但直觉上是合理正确的。在时刻 t，若处于状态 i，那么如何确定随后的观测似然呢？在此，可以转移到 N 个可能状态中的任何一个，因此必须计算每个后续状态的似然加权和。这种似然是处于该状态的条件下，下一次观测的概率密度函数，乘以处于该状态的概率（所有后续观测条件下），这是乘积中的前两项。然后，再乘以由从当前状态 i 到下一状态 j 的转移概率表示的权重，这是第三项。

另外，还有一项，不过对该算法没有太多重要意义。通过终止递归，可完成对于整个数据集的净似然，如式（4.10）所示。

$$L_{\text{Termination}} = \sum_{j=1}^{N} [p_0(j) f(x_0) \beta_0(j)] \qquad (4.10)$$

下面是后向算法的实现代码。首先（为清晰起见，尽管可能会过犹不及）将所有状态下最后一次观测的 β 初始化为 1，计算其对数似然，然后将 β 值变换为概率，正如在前向算法中的操作。

```
double HMM::backward ()
{
    int i, j, t ;
    double sum, denom, log_likelihood ;
    denom = 0.0 ;
    for (i=0 ; i<nstates ; i++) {
        beta[(ncases-1)*nstates+i] = 1.0 ;
        denom += beta[(ncases-1)*nstates+i] ;
        }
    log_likelihood = log(denom) ;
    for (i=0 ; i<nstates ; i++)
        beta[(ncases-1)*nstates+i]/=denom
```

现在根据式（4.9）进行递归。在该算法中无需特别考虑执行速度，因为其中的调用仅占到 forward() 调用次数的一小部分。

```
    for (t=ncases-2 ; t>=0 ; t--) {
        denom = 0.0 ;
```

```
        for (i=0 ; i<nstates ; i++) {
            sum = 0.0 ;
            for (j=0 ; j<nstates ; j++)
                sum += transition[i*nstates+j] * densities[j*ncases+t+1] * beta[(t+1)*nstates+j] ;
            beta[t*nstates+i] = sum ;
            denom += beta[t*nstates+i] ;
            }
        log_likelihood += log(denom) ;
        for (i=0 ; i<nstates ; i++)
            beta[t*nstates+i] /= denom ;
            }
```

针对本章的应用而言，以上就是所需要的所有步骤；到此即可结束。然而，利用式（4.10）终止递归的最后一步来获得完备数据集的对数似然是非常简便的。

```
    sum = 0.0 ;
        for (i=0 ; i<nstates ; i++)
            sum += init_probs[i] * densities[i*ncases] * beta[i] ;
        return log(sum) + log_likelihood ; //包括终止似然
            }
```

尽管终止递归以获得完整对数似然只有一个原因，但这是一个很好的理由。采用这种方法计算的对数似然应与前向算法所计算的对数似然相同（当然，事实的确如此。两者都是完备数据集的对数似然，所以应该完全相同）。负责任的程序人员会在内部比较这两个值。如果它们之间的差异超过浮点误差所引起的微小量，那么表明要么程序存在明显错误，要么由于数值稳定性问题而造成不应有的代价，必须加以解决。

α 和 β 修正

正如多次暗示的那样，在前两节中有一个不恰当的表述。之前将计算得到的 α 值和 β 值称为似然，其实这些值并不是确切的似然。这个问题在于，将缩放后的概率值［式（4.3）］置于 α 和 β 数组中，破坏了似然性质。真正的似然不会以这种方式进行缩放。

另一方面，这也是一个易于接受的表述。原因是，就示例目的而言，其结果与实际似然完全相同。在随后用于完全浮点运算时，所得到的结果与实际似然所得结果完全相同。另外，最重要的一点是（之所以使用这个小技巧的原因），在不完全的浮点运算下，缩放后的 α 和 β 要精确得多。事实上，这是一种保守的说法。如果实际应用中有数千种情况，那么计算"修正"的 α 和 β 将会导致极大的数值不稳定性，以至于如果不进行特殊的缩放，几乎不可能获得正确的结果。接下来，将介绍"修正"计算的代码，并进行简要解释，然后说明为什么"修正"计算在现实生活中反而可能具有潜在风险。

"修正"计算的关键在于在执行概率归一化处理时保留一个单独的工作数组，但不要将这些归一化值返回到 α 矩阵和 β 矩阵。与之前的算法一样，首先从初始化第一种情况开始。

```
    double HMM::forward ( double *these_transitions ) //在 initialize() and estimate() 函数中使用
    {
        int i, j, t ;
```

```
    double sum, denom, log_likelihood, *trans_ptr, work[MAX_STATES],
                temp[MAX_STATES] ;
    denom = 0.0 ;
    for (i=0 ; i<nstates ; i++) {
        work[i] = init_probs[i] * densities[i*ncases] ;
        denom += work[i] ;
    }
```

与之前一样，计算第一种情况的对数似然，同时也同之前一样对 α 值进行归一化，不过存在一些不同之处：

● 对工作数组中的值进行归一化，但并未将其置于 α 中。

● 显然，α 本身可能会很快降为零。因此，实际上是保存了 α 的对数。

● 由于随着迭代（稍后讨论）的进行，init_probs 以及密度（及其乘积！）可能会变为零，因此不能简单地取对数。必须首先验证所取的对数值不为零，并将其对数值设为一个负数来替代。

● 由于在将其对数置于 α 之前执行了缩放操作，因此必须通过添加对数似然来补偿这种缩放，这相当于将真正的 α 值乘以比例因子 denom。

```
    log_likelihood = log(denom) ;
    for (i=0 ; i<nstates ; i++) {
        work[i] /= denom ; //式(4.3)
        if (work[i] > exp(-100.0))
            alpha[i] = log(work[i]) + log_likelihood ;
        else
            alpha[i] = -100.0 + log_likelihood ;
    }
```

接下来，对于其余情况进行递归执行。如果与之前智能缩放的代码进行比较，将会发现此处所用的对数似然计算算法与先前代码完全相同，因此可得到相同结果。在这段代码中，所用的值与在 α 中的值完全相同。

在此，值得注意的是，在每种情况开始时，必须将递归工作数组复制到临时数组中。这是因为在内部求和时需要，因此不能对此进行篡改，且在求和运算时会使用该值。

```
    for (t=1 ; t<ncases ; t++) {
        denom = 0.0 ;
        for (j=0 ; j<nstates ; j++)
            temp[j] = work[j] ;
```

接下来是利用式（4.6）实现从时刻 t-1 到时刻 t 递归的代码。如果将此代码与先前代码进行比较，并切记刚才针对第一种情况进行初始化时的四点操作，那么就应该很容易理解。

```
    for (i=0 ; i<nstates ; i++) {
        trans_ptr = these_transitions + i ;
        sum = 0.0 ;
        for (j=0 ; j<nstates ; j++) {    //式(4.6)的内部求和
            sum += temp[j] * *trans_ptr ;
```

```
                trans_ptr += nstates ;
                }
            work[i] = sum * densities[i*ncases+t] ;      //式 (4.6)
            denom += work[i] ;
            }
        log_likelihood += log(denom) ;
        for (i=0 ; i<nstates ; i++) {
            work[i] /= denom ;                    //式(4.3)
            if (work[i] > exp(-100.0))            //不能对零取对数!
                alpha[t*nstates+i] = log(work[i]) + log_likelihood ;
            else
                alpha[t*nstates+i] = -100.0 + log_likelihood ;
            }
        }
    return log_likelihood ;
}
```

在阐述后向算法时不作过多解释,因为与先前代码的不同正好反映了前向算法的变化。

```
double HMM::backward ()
{
    int i, j, t ;
    double sum, denom, log_likelihood, work[MAX_STATES], temp[MAX_STATES] ;
/*
    针对最后一种情况(t=ncases-1)的初始化:
    beta[ncases-1,i] = 1.0
*/
    denom = 0.0 ;
    for (i=0 ; i<nstates ; i++) {
        work[i] = 1.0 ;
        denom += work[i] ;
        }
    log_likelihood = log(denom) ;
    for (i=0 ; i<nstates ; i++) {
        work[i] /= denom ;
        beta[(ncases-1)*nstates+i] = 0.0 ; //log(1) = 0
        }
/*
其余情况的递归
*/
    for (t=ncases-2 ; t>=0 ; t--) {
        denom = 0.0 ;
        for (j=0 ; j<nstates ; j++)            //复制,以免混淆求和运算中的项
            temp[j] = work[j] ;
        for (i=0 ; i<nstates ; i++) {
            sum = 0.0 ;
            for (j=0 ; j<nstates ; j++)    //式(4.9)
```

```
                    sum += transition[i*nstates+j] * densities[j*ncases+t+1] * temp[j] ;
                work[i] = sum ;
                denom += work[i] ;
                if (sum > exp(-100.0))              //不能对零取对数
                    beta[t*nstates+i] = log(sum) + log_likelihood ;
                else
                    beta[t*nstates+i] = -100.0 + log_likelihood ;
                }
        for (i=0 ; i<nstates ; i++)
                work[i] /= denom ;
            log_likelihood += log(denom) ;
                }
//递归终止:
    sum = 0.0 ;
    for (i=0 ; i<nstates ; i++)
        sum += init_probs[i] * densities[i*ncases] * work[i] ;
    return log(sum) + log_likelihood ;
    }
```

接下来分析之前承诺要解决的两个问题:

（1）在 α 和 β "修正" 算法中，这些值可能会迅速降为零，因此必须保存其对数值，而非实际值。

（2）在实际应用中，α 和 β "修正" 算法可能在数值上非常不平稳，除非在之后使用时采取特殊的缩放操作，否则会导致产生错误。

要解决第一个问题，参考式（4.6）（即前向递归）。在执行每一步时，都要乘以一个概率密度。同样在式（4.9）（即后向递归）也是如此。这些概率密度的值通常会很小，甚至是极小。这些值会在似然中不断累积。在"修正"代码中，只是添加对数似然。但如果选取的是实际 α 和 β 值，而非其对数值，就必须在每一步中将 α 和 β 乘以这些微小值。即便在仅有几百种情况下，也很容易降为零，如果是上千种情况，则必定为零。由此，α 和 β 很快就不会准确。这显然是不可接受的，因此必须累积 α 和 β 的对数值，而不是其实际值。

接下来考虑第二个问题。假设已选取了 α 和 β 的对数（必须这样做）。这样就可在除了最极端情况外的所有情况下都保证完全准确。但即便如此，也往往不够好。之后还需执行各种操作，如计算状态的概率以及在迭代过程中更新转移矩阵。为计算这些操作所需的个别项，需要实际的 α 和 β 值。为此，又需要对之前计算和保存的对数值执行指数运算。但如果存在许多情况，则指数运算结果又会降为零。无论-3175.6 是否是某项的修正对数；就计算机而言，exp（-3175.6）仍为零。稍后，将介绍一种重缩放技术，在很大程度上可解决这一问题，但这仍然是一个棘手问题，如果处理不当，很容易达到满意效果。总之，执行"非修正"的缩放操作会好得多，这与数值计算的结果相当，但会平稳得多。

一些常规计算

在继续其他操作之前,需要先处理一些常规计算。所有这些子程序都包含在 HMM.CPP 文件中。

均值和协方差

众所周知,都会计算均值和协方差,在此介绍这些实现代码几乎毫无意义。但下列代码表明了这些量在 HMM 对象中的存储方式。首先计算第一个状态的均值和协方差,然后将其复制到其他状态。计算均值如下:

```
void HMM::find_mean_covar ()
{
    int i, j, istate, icase ;
    double *mean_ptr, *covar_ptr, *case_ptr, diff, diff2 ;
    for (istate=0 ; istate<nstates ; istate++) {
        mean_ptr = means + istate * nvars ;                //该状态下的均值向量
        covar_ptr = covars + istate * nvars * nvars ;      //对称协方差
        if (istate == 0) {     //计算均值和协方差一次(istate==0),然后复制
            for (i=0 ; i<nvars ; i++) {
                mean_ptr[i] = 0.0 ;
                for (j=0 ; j<nvars ; j++)
                    covar_ptr[i*nvars+j] = 0.0 ;
}
            for (icase=0 ; icase<ncases ; icase++) {
                case_ptr = data + icase * nvars ;
                for (i=0 ; i<nvars ; i++)
                    mean_ptr[i] += case_ptr[i] ;
                }
            for (i=0 ; i<nvars ; i++)
                mean_ptr[i] /= ncases ;
```

接下来,继续计算协方差。协方差矩阵是对称的,因此只需要计算一个三角矩阵,然后复制到另一个三角矩阵。不过下列子程序仅需调用一次,且执行非常快。个人观点是尽管会浪费一些执行时间,但整个矩阵的计算更加清晰。如果需要,可随意修改此代码。

在 init_covar 中额外保存了一个协方差矩阵。在初始化搜索合适的启动参数时,这将用作扰动中心。

```
            for (icase=0 ; icase<ncases ; icase++) {
                case_ptr = data + icase * nvars ;
                for (i=0 ; i<nvars ; i++) { //对称,但为了清晰,执行整个矩阵;可快速实现
                    diff = case_ptr[i] - mean_ptr[i] ;
                    for (j=0 ; j<nvars ; j++) {
```

```
                    diff2 = case_ptr[j] - mean_ptr[j] ;
                    covar_ptr[i*nvars+j] += diff * diff2 ;
                    }
                }
            }
        for (i=0 ; i<nvars ; i++) { //对称，但为了清晰，执行整个矩阵；可快速实现
            for (j=0 ; j<nvars ; j++) {
                covar_ptr[i*nvars+j] /= ncases ;
                init_covar[i*nvars+j] = covar_ptr[i*nvars+j] ; //用于初始化
                }
            }
        } //若 istate==0（必须计算均值和协方差）
    else { //状态 0 执行之后，只需复制协方差和均值
        for (i=0 ; i<nvars ; i++) {
            mean_ptr[i] = means[i] ;
            for (j=0 ; j<nvars ; j++)
                covar_ptr[i*nvars+j] = covars[i*nvars+j] ;
            }
        } //若 istate> 0
    } //对于所有状态
}
```

概率密度

均值或协方差每次发生变化（在初始化以及迭代改进期间），都必须重新计算概率密度矩阵。这是一个 nstates*ncases 矩阵，其中包含每个可能状态下每种情况的概率密度函数。该子程序会多次调用，占用大量的计算时间，仅次于 forward() 函数的前向递归。为此应尽可能提高执行效率。更具体地说，其中对 mv_normal() 函数的调用才是真正原因。接下来重点解决这一问题。find_densities() 函数的代码如下：

```
void HMM::find_densities ( double *these_means ) //用于 initialize()和 estimate()函数
{
    int i, istate ;
    double *mean_ptr, *covar_ptr, *density_ptr, det ;
    for (istate=0 ; istate<nstates ; istate++) {          //针对每个可能状态
        mean_ptr = these_means + istate * nvars ;         //该状态的均值向量
        covar_ptr = covars + istate * nvars * nvars ;     //该状态的对称协方差
        density_ptr = densities + istate * ncases ;       //该状态的概率密度向量
        invert ( nvars , covar_ptr , inverse , &det , rwork , iwork ) ;   //可快速执行
        for (i=0 ; i<ncases ; i++)
            density_ptr[i] = mv_normal ( nvars, data+i*nvars, mean_ptr, inverse, det , rwork ) ;
        }
}
```

上述代码并不复杂。对于每个状态，对该状态的协方差矩阵求逆，以得到 mv_normal()

函数所需的值，然后针对每种情况调用一次该子程序。在矩阵求逆子程序中，无需特别考虑执行效率，因为在绝大多数实际应用中，变量都很少（通常只有一两个），因此求逆运算快速且平稳。在 INVERT.CPP 文件的子程序中，若矩阵奇异，则返回 1，此时需进行全面检查。另一方面，在所遇到的所有设计良好的应用程序中，状态协方差中的奇异值很少会导致严重后果，为此不必担心。

多元正态概率密度函数

在本人实际应用中，假设数据服从多元正态分布。如果希望服从其他分布，则需进行适当更改。值得庆幸的是，前向递归和后向递归完全相同，因此仅需更改概率密度函数（容易）、初始参数计算（中等难度）和稍后讨论的参数更新算法（可能难度较大）。

式（4.11）定义了多元正态概率密度函数。其中，μ 是均值向量，Σ 是协方差矩阵，且具有 k 个变量。代码及注释如下。

$$f(x) = \frac{\exp[-0.5 \times (x-\mu)^T \, \Sigma^{-1} (x-\mu)]}{\sqrt{(2\pi)^k \, |\Sigma|}} \tag{4.11}$$

```
double mv_normal (
    int nv ,                    //变量个数
    double *x ,                 //待分析情况变量(长度为 nv)
    double *means ,             //均值向量(长度为 nv)
    double *inv_covar ,         //nv*nv 的对称逆协方差矩阵
    double det ,                //协方差行列式
    double *work )              //工作向量(长度为 nv)
{
    int i, j ;
    double sum, temp ;
    double log_2pi = log ( 2.0 * 3.141592653589793 ) ;
    for (i=0 ; i<nv ; i++)
work[i] = x[i] - means[i] ;
    sum = 0.0 ;
    //执行下三角
    for (i=1 ; i<nv ; i++) {
        for (j=0 ; j<i ; j++)
            sum += work[i] * work[j] * inv_covar[i*nv+j] ;
        }
    sum *= 2 ; //包括对称的上三角
    //执行对角线
    for (i=0 ; i<nv ; i++)
        sum += work[i] * work[i] * inv_covar[i*nv+i] ;
    if (sum > 500)
        sum = exp ( -0.5 * 500 ) ;
    else
```

```
        sum = exp ( -0.5 * sum );
        temp = fabs(det) * exp ( nv * log_2pi );      //协方差行列式 det 不能为负数；见下文
        return sum / sqrt ( temp + 1.e-120 );         //临时变量 temp 不能为零；见下文
    }
```

由于逆协方差矩阵对称，因此只需计算一个小的三角矩阵，在此是下三角。两倍该三角矩阵已包括上三角。然后计算对角线。

不难想象上述之和可能很大，以至于其负指数为零。由于正态概率密度永远不可能为零，为此需对最小指数值施加限制。这使得几乎不可能达到结果为零。如果在应用程序中没有必要进行上述测试，可随时取消。

另外，上述程序还包含了两个偏执的多余操作。对行列式取绝对值完全没必要，因为实际协方差矩阵永远不可能具有一个负的行列式。但在此确保永远不会因取一个负数的平方根而产生一个数学异常，即由于存在负数而产生的数值问题（非常罕见）。此外，只要协方差矩阵是非奇异的，那么分母就永远不会为零。但在此增加 1.e-120 作为无任何影响的保险操作，以防被零除而引发数学异常。可任意去除其中一个或全部边界操作。不过作为一个谨慎的编程人员，倾向于包含上述操作以确保无误。

启动参数

本章所采用的求取最大似然参数的 Baum-Welch 算法有着历史悠久的广泛应用。该算法快速可靠，具有期望最大化算法的共同特性。然而，在此需要处理一个关键问题：尽管算法可保证收敛到最接近的局部最大值，但似然曲面还不是凸函数。上述算法函数得到的都是次优的局部极大值，因此不能任意选择一个原有的随机起点并进行迭代。在此，必须选择一个与参数空间中其他点相比具有较大似然的起点。此外，还必须智能选择试验参数集。

初始化操作非常关键。对于一个非常简单的问题（两个变量，三个状态），至少需要 1000 次随机试验，即便是 10000 次也很合理。通常，初始化需要后续迭代改进所需的十倍以上的计算时间。

初始化算法流程

实现启动参数集的搜索是在 HMM.CPP 文件的 initialize()函数中执行，如下所示。多次重复执行以下步骤：

（1）对均值施加扰动，确保对于每个变量，所有状态的数据集均值偏移量为零。

（2）通过适度收缩对角线元素以及进一步收缩非对角线元素来对公共协方差矩阵施加扰动。

（3）对转移概率施加扰动。一半时间内为所有转移分配相等概率。否则，保持同一状态。

（4）计算概率密度，然后采用 forward()算法计算对数似然。

（5）跟踪最佳（最大似然）参数集。

对均值施加扰动

对于每个变量，以数据集均值为中心对试验均值施加扰动。此外，扰动量是基于变量的数据集标准偏差。这样就无需用户提供标准化后的数据；可很好地处理任一数据中心或方差。

另外，还需注意，在所有状态下，对每个变量施加的扰动量之和为零。这样，就可确保试验平衡，以数据集均值为中心，否则通常是没有意义的。

```
for (i=0 ; i<nvars ; i++) {
    sum = 0.0 ;
    for (istate=0 ; istate<nstates ; istate++) {
        if (istate < nstates-1) {
            covar_ptr = covars + istate * nvars * nvars ;
            wt = 6.0 * (unifrand() - 0.5) * sqrt(covar_ptr[i*nvars+i]) ;
            sum += wt ;
            }
        else
            wt = -sum ;
        trial_means[istate*nvars+i] = means[istate*nvars+i] + wt ;
        }
}
```

在上述代码段中，对被处理变量对应的协方差对角线元素取平方根。从均匀分布的（0,1）随机数中减去 0.5，再乘以 6 得到乘数，这样得到的偏移量最多为±3 个标准差。除最后一个状态外，对所有状态都执行上述操作，并累积权重之和。对于最后一个状态，采用先前状态之和的负值，即确保所有权重总和为零，从而将之居于所有状态中心。在数据集均值中添加此偏移量，以获得在该变量和状态下模型均值的试验值。

对协方差施加扰动

试验协方差矩阵的生成相对较难。对于试验均值，是以数据集均值作为扰动的逻辑中心。但数据集协方差几乎肯定是对单个状态协方差的夸大估计。这是因为完备数据集的变化不仅包括每个单独状态的变化（即需要估计的），而且还包括由于状态均值不同而导致的整个状态的变化。例如，假设现有一个变量和两个状态，在每个状态下，变量的方差可能为 1。但假设一个状态的均值是 5，另一状态的均值是 20。在完备数据集中，均值接近 5 和均值接近 20 的不同将会导致数据集方差大大超过状态内方差。在多元变量情况下，相关性也会增大。因此，与均值情况不同，不能以数据集协方差作为扰动量中心。

在此，执行一种简化：对于所有状态，初始化协方差矩阵均相同。在许多实际应用中，这种假设符合实际模型情况。即便不符合，这也几乎总是一个合理的初始起点。为获得一个试验矩阵，在此以一个取值为 0.4～0.9 的随机因子来收缩对角线元素，并以一个取值为 0～0.7 的附加随机因子来收缩非对角线元素。大量实践经验表明，从这样的低隐含相关性开始可改进初始起点。对于算法来说，增加相关性要易于消除相关性。

```
wtd = 0.4 + 0.5 * unifrand() ;      //对角线元素收缩
wto = 0.7 * unifrand() * wtd ;      //非对角线元素收缩
for (i=0 ; i<nvars ; i++) {
    for (j=0 ; j<nvars ; j++) {
        if (i == j)
            dtemp = wtd * init_covar[i*nvars+j] ;
        else
            dtemp = wto * init_covar[i*nvars+j] ;
        for (istate=0 ; istate<nstates ; istate++) {
            covar_ptr = covars + istate * nvars * nvars ;
            covar_ptr[i*nvars+j] = dtemp ;
        }
    }
}
```

对转移概率施加扰动

在此，采用两种不同的方法来生成试验转移概率。在开始试验循环之前，初始化试验值均相同，并在所有试验的前半部分都使用这些值。

```
prob = 1.0 / nstates ; //对于前半部分试验，分配相同的转移概率
for (istate=0 ; istate<nstates ; istate++) {
    for (i=0 ; i<nstates ; i++)
        trial_transition[istate*nstates+i] = prob ;
}
```

在完成一半试验之后，采取一种随机方法，在该方法中，更倾向于保持在同一状态。这种"保持不变"的特性在许多应用中很常见。事实上，对于许多实际应用，选择常数 0.4 和 0.5 还不够。读者可以对此进行调整，以更倾向于维持在一个状态不变。

```
if (itrial >= n_trials/2) {
    for (istate=0 ; istate<nstates ; istate++) {
        prob = trial_transition[istate*nstates+istate] = 0.4 + unifrand() * 0.5 ;
        for (i=0 ; i<nstates ; i++) {
            if (i != istate)
                trial_transition[istate*nstates+i] = (1.0 - prob) / (nstates - 1.0) ;
        }
    }
}
```

关于随机数发生器的解释

上述所有代码段中都调用了 unifrand() 函数，以提供均匀分布的(0,1)随机偏差。随机数

的质量并不像面向体积的应用（如 Monte-Carlo 积分）中那样重要；一个精心设计的线性同余生成器就足以。但如果是多线程的随机初始化过程，则必须确保使用线程安全的生成器！如果未使用这种生成器，就会产生各种奇怪的错误，包括其影响可能会隐藏的灾难性错误。有可能不会产生明显错误或完全崩溃。相反，一切似乎都正常工作，但将生成非常糟糕的试验参数集。

创建线程安全的随机生成器基本上有两种方法。最简单的方法是在静态变量中不保留任何值；只需将种子作为参数传递即可。以下是本人采用的低质量耐用的线程安全发生器，不能以 iparam=0 调用，且绝不会返回零。

```
#define IA 16807
#define IM 2147483647
#define IQ 127773
#define IR 2836
double fast_unif ( int *iparam )
{
    long k ;
    k = *iparam / IQ ;
    *iparam = IA * (*iparam - k * IQ) - IR * k ;
    if (*iparam < 0)
        *iparam += IM ;
    return *iparam / (double) IM ;
}
```

在 unifrand()中采用的另一种方法是通过操作系统的 API 来防止线程竞争。在 Windows 系统中，可通过在调用生成器之前调用 InitializeCriticalSection() 来完成，然后利用 EnterCriticalSection()和 LeaveCriticalSection()来保护生成器本身。

完整优化算法

本节介绍隐马尔可夫模型最大似然参数求取算法的其余部分。算法总体流程如下：

（1）计算完备数据集的均值向量和协方差矩阵。在第 78 页对此进行了阐述说明。

（2）通过尝试大量随机值并选择其中的最佳值来初始化启动参数集。在第 81 页对此进行了阐述说明。

（3）不断迭代直至收敛……

（4）计算当前参数集的概率密度。在第 79 页对此进行了阐述说明。

（5）调用 forward()函数计算对数似然和 α 矩阵。在第 70 页对此进行了阐述说明。

（6）调用 backward()函数来计算 β 矩阵。在第 72 页对此进行了阐述说明。

（7）对于每个观测，计算过程处于每个可能状态的概率。对此将在下节进行阐述。

（8）对于每个状态，更新其均值向量和协方差矩阵。这将在第 87 页进行阐述。

（9）更新初始状态概率向量和转移概率矩阵。这将在第 89 页进行阐述。

（10）检查是否收敛。如果未收敛，则返回步骤（4）。

计算状态概率

在深入讨论这一主题之前，首先从更一般的角度阐明其属于何种优化算法。如果上节所示的详细算法中展示了其本质核心，那么该方法可归结为两个步骤交替进行，直到收敛为止。在此，从一个恰当的启动参数集开始，然后执行以下操作：

（1）在当前模型参数正确的假设条件下，为每个观测值计算过程处于每个可能状态的概率（这是本节的讨论主题）。

（2）在观测状态概率集正确的假设条件下，更新对模型参数的估计。

（3）如果未收敛，则返回步骤（1）。

换句话说，只是来回交替执行：使用模型参数和数据集来计算状态概率，然后使用状态概率来计算更新的模型参数。根据需要重复执行。该算法可保证收敛到一个局部最优，并希望这是全局最优。这就是努力为模型参数寻找一个良好初始估计值的动力。

计算每个观测的状态隶属概率的算法非常简单。记住，根据定义，$\alpha_t(i)$ 是与从第一次观测到时刻 t 观测相关的状态 i 的似然（正常情况或"修正"情况），而 $\beta_t(i)$ 是与从时刻 $t+1$ 观测到最后一次观测相关的状态 i 的似然。因此，其乘积是完备观测集下状态 i 的似然。根据贝叶斯法则，时刻 t 的观测处于状态 i 的概率是由式（4.12）给出。

$$\gamma_i(i) = \frac{\alpha_t(i)\beta_t(i)}{\sum_{j=1}^{N}[\alpha_t(j)\beta_t(i)]} \tag{4.12}$$

如果采用的是计算 α 和 β 的标准版本，那么可通过以下简单代码来进行计算。第一个循环是对各项进行求和，即计算式（4.12）中的分母。第二个循环是计算概率。

```
for (icase=0 ; icase<ncases ; icase++) {
    sum = 0.0 ;
    for (istate=0 ; istate<nstates ; istate++) {
        temp = alpha[icase*nstates+istate] * beta[icase*nstates+istate] ;
        if (temp < 1.e-12)
            temp = 1.e-12 ;
        sum += temp ;
    }
    for (istate=0 ; istate<nstates ; istate++) {
        temp = alpha[icase*nstates+istate] * beta[icase*nstates+istate] ;
        if (temp < 1.e-12)
            temp = 1.e-12 ;
        state_probs[icase*nstates+istate] = temp / sum ;
    }
}
```

乘积结果限制为 1.e-12 有两个原因。其中重要原因是，不希望 sum 结果有一丝机会为零，因为 0/0 将会引发浮点异常。当然，即便这是标准的 α 和 β 计算，但对于每个状态，也不可能乘积都为零，因此这可能是无用功。不过，谨慎一些终究是对的。

第二个原因有所争议，可能希望将限制缩小到 1.e-200 程度。本人观点是不能认为过程处于某种状态的某一观测的概率为零。通过设置乘积的下限，可确保每个状态至少存在一个极小概率。如果需要的话，可随时将下限降为稍大于零。另外，需要注意的是，稍后将介绍一种更复杂的有效方法，完全无需设置任何概率下限（允许概率为零），如果更偏好该方法的话。

如果是计算 α 和 β 的"修正"值，那么刚才给出的简单代码将会有问题。即使只有上百种情况，所有这些 α、β 的乘积在对其对数执行指数运算后也有很大概率降为零（至少在一些情况下）。通过对乘积设置最小下限，所有状态的概率将最终为 $1/N$，如果不设置下限，则会被零除。这是一种双输的情况。

现有一种方法可以对乘积结果进行缩放以避免该问题。这种方法还考虑了因缩放后的 α 和 β 所引发的极有可能的情况，从而基本上无需设置概率下限。在 HMM.CPP 代码中进行了实现。该代码还展示了如何对"修正" α 和 β 进行缩放。不过在此不予讨论，因为本人不推荐"修正"计算方法。但如果读者偏好该方法，只需参阅 HMM. CPP 中的代码即可。

由上述代码已知，计算过程分两个阶段。首先，求出各项之和，然后通过将各项除以总和来计算各自概率。而现在需要三个步骤。第一步是计算一个用于消除数值问题的缩放因子。第二步和第三步与刚刚介绍的两个阶段相同，只是应用了缩放因子。以下是最外层循环和第一步操作：

```
for (icase=0 ; icase<ncases ; icase++) {
    for (istate=0 ; istate<nstates ; istate++) {      //步骤 1：寻找（α*β）的最大值
        temp = alpha[icase*nstates+istate] * beta[icase*nstates+istate] ;
        if (temp < 1.e-100)
            temp = 1.e-100 ;
        if (istate == 0 || temp > max_prod)
            max_prod = temp ;
    }
}
```

在上述代码中，设 temp 为式（4.12）的分子项。为避免被零除，设置了一个下限，但稍后会分析，这并不是概率下限；概率仍可能为零（根据实际情况和应用，这可能很好，也可能很差）。通过这一初始循环可得到本次观测中任何项所取的最大值。

第二步是计算式（4.12）的分母项，这是各项的总和。但这里的关键不是求和，而是将各项除以最大值，无论原有的各项多小，总和的最大项结果为 1。

```
sum = 0.0 ;
for (istate=0 ; istate<nstates ; istate++) {
    temp = alpha[icase*nstates+istate] * beta[icase*nstates+istate] ;
    if (temp < 1.e-100)
```

```
            temp = 1.e-100 ;
        sum += temp / max_prod ;
    }
```

最后，将各项除以其总和，完成式（4.12）。同样，还是先将各项除以最大项。这就是为何即使对单个项设置了下限，而未对所计算的概率设置下限的原因。如果任何一项非常小，那么上述除法运算将产生一个机器零作为商的概率。

```
for (istate=0 ; istate<nstates ; istate++) {
    temp = alpha[icase*nstates+istate] * beta[icase*nstates+istate] ;
    if (temp < 1.e-100)
        temp = 1.e-100 ;
    state_probs[icase*nstates+istate] = (temp / max_prod) / sum ;
    }
}
```

值得注意的是，在对于某些情况，所有状态项都小于 1.e-100 下限的极不可能情况下，每个状态的概率将为 $1/N$。这一结果没有什么不合理之处，因为这种情况只意味着观测结果与模型极不相容，因此，对所有状态分配相同概率，相当于或甚至优于偏袒某些不应偏向的状态。

更新均值和协方差

在计算得到每种情况的状态概率之后，必须更新每个状态的估计均值和协方差矩阵。这比想象的更容易，因为该算法与普通的均值和协方差矩阵计算方法相同（如在第 78 页中给出的），只是对于每个观测和状态，其作用是由处于该状态的概率加权所确定的。这些概率保存在 state_probs 变量中。

每个状态都是在最外层循环中单独处理的。对于每个状态，第一步是将均值向量和协方差矩阵归零。实际上，需将对角线元素设置为一个通常会被省略的极小值，以防止对角线元素为零（否则会产生错误）。然后计算加权均值。

```
for (istate=0 ; istate<nstates ; istate++) {
    mean_ptr = means + istate * nvars ;           //该状态的均值向量
    covar_ptr = covars + istate * nvars * nvars ; //对称协方差矩阵
    for (i=0 ; i<nvars ; i++) {
        mean_ptr[i] = 0.0 ;
        for (j=0 ; j<nvars ; j++) {
            if (i == j)
                covar_ptr[i*nvars+j] = 1.e-10 ;   //防止零方差
            else
                covar_ptr[i*nvars+j] = 0.0 ;
            }
        }
    denom = 0.0 ;
    for (icase=0 ; icase<ncases ; icase++) {
```

```
            case_ptr = data + icase * nvars ;
            weight = state_probs[icase*nstates+istate] ;
            for (i=0 ; i<nvars ; i++)
                mean_ptr[i] += weight * case_ptr[i] ;
            denom += weight ;
            }
        for (i=0 ; i<nvars ; i++)
            mean_ptr[i] /= (denom + 1.e-100) ;
```

协方差矩阵的处理方法相同。不过需要注意的是，协方差矩阵是对称的，因此可以只计算一半，然后复制到另一半。但由于该处理操作非常快，因此为了清晰，还是采用如下方式来实现。如果需要可更改。

在计算得到协方差矩阵后，执行最后一步来解决罕见情况下的问题。遍历非对角元素，并对其相应对角线元素的调和均值大小施加上限。这可确保矩阵是可逆的（这是计算概率密度所需的特性）。

```
        denom = 0.0 ;
        for (icase=0 ; icase<ncases ; icase++) {
            case_ptr = data + icase * nvars ;
            weight = state_probs[icase*nstates+istate] ;
            for (i=0 ; i<nvars ; i++) {            //对称，但为了清晰，处理整个矩阵
                diff = case_ptr[i] - mean_ptr[i] ;
                for (j=0 ; j<nvars ; j++) {
                    diff2 = case_ptr[j] - mean_ptr[j] ;
                    covar_ptr[i*nvars+j] += weight * diff * diff2 ;
                    }
                }
            denom += weight ;
            }
        for (i=0 ; i<nvars ; i++) {                //对称，但为了清晰，处理整个矩阵
            for (j=0 ; j<nvars ; j++)
                covar_ptr[i*nvars+j] /= (denom + 1.e-100) ;
            }
        for (i=0 ; i<nvars ; i++) {                //确保矩阵是可逆的
            for (j=0 ; j<nvars ; j++) {
                if (i!=j && covar_ptr[i*nvars+j] > 0.999999 * sqrt ( covar_ptr[i*nvars+i] *
                    covar_ptr[j*nvars+j] ))
                    covar_ptr[i*nvars+j] = 0.999999 * sqrt ( covar_ptr[i*nvars+i] *
                    covar_ptr[j*nvars+j] ) ;
                if (i!=j && covar_ptr[i*nvars+j] < -0.999999 * sqrt ( covar_ptr[i*nvars+i]*
                    covar_ptr[j*nvars+j] ))
                    covar_ptr[i*nvars+j] = -0.999999 * sqrt ( covar_ptr[i*nvars+i] *
                    covar_ptr[j*nvars+j] ) ;
                }
            }
        } //对于所有状态
```

更新初始概率和转移概率

在此，要更新的最终模型参数是初始概率 $p_0(i)(i=1,\cdots,N)$ 和转移概率矩阵 $a_{ij}(i,j=1,\cdots,N)$。前者很容易：只是第一种情况下的状态概率，之前已计算过。

```
for (istate=0 ; istate<nstates ; istate++)
init_probs[istate] = state_probs[istate] ;
```

转移概率矩阵的更新要复杂得多。考虑从状态 i 转移到状态 j。设 $\zeta_t(i,j)$ 为时刻 t 处于状态 i，时刻 $t+1$ 处于状态 j 的联合概率。在无需证明（在其他文献已广泛给予证明）的条件下，认为可由式（4.13）得到该变量的值。然后，为计算更新后的转移概率，先对整个数据集求平均，再进行归一化处理以确保每一行的总和为 1。上述可由式（4.14）计算而得。

$$\zeta_t(i,j) = \frac{\alpha_t(i)a_{ij}f_j(x_{t+1})\beta_{t+1}(j)}{\sum\limits_{k=1}^{N}\sum\limits_{l=1}^{N}[\alpha_t(l)a_{lk}f_k(x_{t+1})\beta_{t+1}(k)]} \tag{4.13}$$

$$a_t(i,j) = \frac{\sum\limits_{t=0}^{T-2}\zeta_t(i,j)}{\sum\limits_{k=1}^{N}\left[\sum\limits_{t=0}^{T-2}\zeta_t(i,k)\right]} \tag{4.14}$$

如果使用的是缩放的 α 和 β，可利用如下所示的相对简单的代码。在本人开发的很多软件中都使用该代码，这是上述表达式的简单实现。接下来将分析相应的实现代码。之后，将介绍在 HMM.CPP 中出现的更复杂的缩放代码。

```
for (istate=0 ; istate<nstates ; istate++) {        //初始化更新转移矩阵为 0
    for (jstate=0 ; jstate<nstates ; jstate++)
        trans_work2[istate*nstates+jstate] = 0.0 ;
    }
for (icase=1 ; icase<ncases ; icase++) {        //式（4.14）中各项之和
sum = 0.0 ;                                      //式（4.13）的分母项
    for (istate=0 ; istate<nstates ; istate++) {
        for (jstate=0 ; jstate<nstates ; jstate++) {        //式(4.13) 的分子项
            temp = alpha[(icase-1)*nstates+istate] *
                transition[istate*nstates+jstate] *
                densities[jstate*ncases+icase] *
                beta[icase*nstates+jstate] ;
            if (temp < 1.e-120)                  //防止出现极不可能的 sum=0
                temp = 1.e-120 ;
            trans_work1[istate*nstates+jstate] = temp ;     //保存结果，避免重新计算
            sum += temp ;                        //式（4.13）的累积分母
        }
    }
    for (istate=0 ; istate<nstates ; istate++) {        //式（4.13）归一化
```

```
        for (jstate=0 ; jstate<nstates ; jstate++) {        //式（4.14）求和
            temp = trans_work1[istate*nstates+jstate] ;
            trans_work2[istate*nstates+jstate] += temp / sum ;
            }
        }
    } //对于 icase 循环，对式（4.14）的分子项求和
for (istate=0 ; istate<nstates ; istate++) {
    sum = 0.0 ;                                      //式（4.14）的分母项求和
    for (jstate=0 ; jstate<nstates ; jstate++) {
        temp = trans_work2[istate*nstates+jstate] ;     //分子项
        if (temp < 1.e-12)                              //防止出现极不可能的零分母
            temp = 1.e-12 ;
        sum += temp ;                                   //式（4.14）的累积分母
        }
    for (jstate=0 ; jstate<nstates ; jstate++) {
        temp = trans_work2[istate*nstates+jstate] ;
        if (temp < 1.e-12)                              //上述循环中的重复操作
            temp = 1.e-12 ;
        transition[istate*nstates+jstate] = temp / sum ; //完整的式（4.14）
        }
    }
}
```

上述代码中的第一步是将 α 矩阵归零，以准备对式（4.14）中的各个分子项求和。然后，在 icase 循环中对这些单独项求和。

在 icase 循环中，分两步执行。第一步是计算式（4.13）的单个分子项。其结果保存在 trans_work1 中，以避免重新计算，然后，累积这些结果之和作为式（4.13）的分母。

icase 循环中的第二步是从 trans_work1 中提取各个项，再分别除以总和来实现完整的式（4.13），然后在 trans_work2 保存累积结果以构建式（4.14）的分子项。

在完成 icase 循环后，向下循环执行转移概率矩阵的行。在这一按行循环中，执行两个现在应该熟悉的任务。首先，对整行进行求和，累积计算式（4.14）的分母。然后再次遍历该行，依次除以总和以得到这一行的各个概率（当然，概率之和必须为1）。

如果所用的是"修正"的 α 和 β，而不是标准化版本，那么上述算法将会出现严重问题。当对数 α 和 β 经指数运算后以得到其实际值来对式（4.13）的各项求和时，几乎可以肯定的是，对于某些情况甚至所有情况，所有各项都为零，从而达到所设的各种下限。在这种情况下，式（4.13）中的所有归一化项都将等于 $1/N$，从而导致结果无意义。

在 HMM.CPP 文件中，展示了如何进行归一化来处理"修正"的情况。在此不作详细分析，因为本人不建议这么做。但出于教学目的，现在将在 α 和 β 的归一化背景下介绍这种归一化处理。这就是在 HMM.CPP 中实现的编程方法。老实说，这有点过犹不及，但的确阐述说明了适当的归一化过程，而且可能会稍微提高结果的准确性。具体代码如下，随后是相关的简要说明。

```
for (istate=0 ; istate<nstates ; istate++) {
    for (jstate=0 ; jstate<nstates ; jstate++)
        trans_work2[istate*nstates+jstate] = 0.0 ;
}
for (icase=1 ; icase<ncases ; icase++) {
    //查找要缩放的最大乘积；保存每个乘积结果以避免重新计算
    for (istate=0 ; istate<nstates ; istate++) {
        for (jstate=0 ; jstate<nstates ; jstate++) {
            if (alpha[(icase-1)*nstates+istate] > exp(-300.0))
                temp = log ( alpha[(icase-1)*nstates+istate] ) ;
            else
                temp = -300.0 ;
            if (transition[istate*nstates+jstate] > exp(-300.0))
                temp += log ( transition[istate*nstates+jstate] ) ;
            else
                temp -= 300.0 ;
            if (densities[jstate*ncases+icase] > exp(-300.0))
                temp += log ( densities[jstate*ncases+icase] ) ;
            else
                temp -= 300.0 ;
            if (beta[icase*nstates+istate] > exp(-300.0))
                temp += log ( beta[icase*nstates+jstate] ) ;
            else
                temp -= 300.0 ;
            trans_work1[istate*nstates+jstate] = temp ;
            if (istate == 0 && jstate == 0)
                max_prod = temp ;
            else {
                if (temp > max_prod)
                    max_prod = temp ;
            }
        }//对于 jstate 循环
    }//对于 istate 循环，查找最大值并保存对数乘积
```

上述是代码的前半部分。如前所述，首先将累积式（4.14）中分子项的矩阵归零。在简单版本的算法中，将各项之和作为 icase 循环的第一步。不过在此需要执行一个预处理步骤。并非使用各项的实际值，而是其对数值。为防止意外对零取对数，对四项中的每一项分别设置一个无任何影响的下限，并求取对数之和（相当于各项相乘）。也可以先将各项相乘，然后在设置乘积下限的条件下取乘积的对数。所得结果几乎完全相同，不过本人稍微倾向于单独处理各项。在实践中，采用哪种方法都无任何区别。接着，在第一步跟踪 max_prod 中的最大 sum_of_logs。

```
//移位项的 exp() 求和
sum = 0.0 ;
for (istate=0 ; istate<nstates ; istate++) {
```

```
            for (jstate=0 ; jstate<nstates ; jstate++) {
                temp = exp ( trans_work1[istate*nstates+jstate] - max_prod ) ;
                trans_work1[istate*nstates+jstate] = temp ;
                sum += temp ;
                } //对于 jstate
            } //对于 istate 循环
        //归一化概率
        for (istate=0 ; istate<nstates ; istate++) {
            for (jstate=0 ; jstate<nstates ; jstate++) {
                temp = trans_work1[istate*nstates+jstate] ;
                trans_work2[istate*nstates+jstate] += temp / sum ;
                }
            }
        } //对于 icase 循环
    for (istate=0 ; istate<nstates ; istate++) {
        sum = 0.0 ;
        for (jstate=0 ; jstate<nstates ; jstate++) {
            temp = trans_work2[istate*nstates+jstate] ;
            if (temp < 1.e-200)
                temp = 1.e-200 ;
            sum += temp ;
            }
        for (jstate=0 ; jstate<nstates ; jstate++) {
            temp = trans_work2[istate*nstates+jstate] ;
            if (temp < 1.e-200)
                temp = 1.e-200 ;
            transition[istate*nstates+jstate] = temp / sum ;
            }
        }
```

icase 循环的三个步骤中的第二步类似于简单版本中的第一步。只是在此，不是仅计算得到实际乘积值，而是将乘积的对数保存在 trans_work1 中。然后，与所有项中的最大值相减并对差值执行指数运算。这样，最大项为 1，而所有其他项都相应缩小。这是非常简单的算术运算。这些项中的每一项都保存于原处，且对各项求和。

三个步骤中的最后一步类似于简单版本中的第二步：执行归一化处理以得到式（4.13）各项的缩放实际值，并对其求和后保存于 trans_work2，累积计算式（4.14）的分子项。

整个实现过程与简单版本情况完全相同，首先在每一行中对式（4.14）的分子项求和，然后被各项相除，以使得每行归一化后总和为 1。其中设置的下限并不重要，只要是极小。在此选择使用比简单版本更小的下限，只是为提高准确性，但在实践中，可能没有任何区别。

HMM 在时间序列中的记忆特性评估

在第 96 页，将讨论本章的最终目标：通过底层隐马尔可夫模型将可测特征变量与不可测目标变量联系起来。但如果候选特征不具有可由隐马尔可夫模型建模的记忆特性，那么这样做就无任何意义。因此，前提步骤应是对特征变量（单独或分组）评估是否具有可由隐马尔可夫模型解释的记忆特性。

反之，特别是如果具有大量候选变量，可能希望反向排序：首先，执行链接测试，然后确认所选特征是否符合隐马尔可夫模型的解释。当然，如果不满足，则链接测试往往会失败，而如果满足，则链接测试通常会成功（如果确实存在这种链接的话）。不过，确实会出现不一致的冲突情况，且非常明显。如果链接测试表明具有较强的关联关系，而本节介绍的记忆测试却反映出 HMM 解释较差，那么应倾向于在很大程度上忽略链接结果，而着重于采用更传统的数据挖掘技术。相反，如果链接测试失败，但 HMM 测试成功，则有很好的证据表明，这些特征对目标变量的预测能力较弱，比大多数传统测试单独获得的证据更强。因此，应执行这两种测试，理想情况下（但非必需）要先进行记忆测试。

执行 HMM 记忆测试的代码与 VarScreen 接口以及数据库结构紧密集成，在此并未给出一个完整的子程序。相反，仅提供算法的线程概述，以及一些需要阐明的代码段。这样可有助于大多数读者能够编写各自所需的算法。在 HMM_MEM.CPP 文件中提供了所有这些子程序。另外，其中还包括一个无法正确编译的封装模块，这是因为其高度集成到 VarScreen 程序的其余部分中。但是，该封装程序应作为在实际应用程序中使用这些子程序的可靠模板。除此之外，在该模块中还包含了许多可能会非常有用的调试语句。

用户需提供以下内容：

- 预测变量个数（npred）和情况个数（n_cases）以及获取这些变量和目标变量的能力。
- 假设的状态个数（n_states）。
- 初始化试验次数（n_init）。
- 最大训练迭代次数（max_iters）。
- 蒙特卡罗重复次数（mcpt_reps）。

单个数据结构（每个线程都有一个副本）负责参数传递：

```
typedef struct {
    int irep ;              //复制个数（0 是未变化）
    HMM *hmm ;              //该线程的 HMM 对象
    double *data ;          //待处理数据，  n_cases 行*npred 列
    double loglike ;        //返回计算得到的对数似然
}MEM_PARAMS ;
```

在此，必须为每个线程分配两个工作数组以及一个 HMM 对象。pred 数组中的第一个

npred*n_cases 块为"参考"数据集。以原始数据开始，然后重新排列以进行蒙特卡罗复制。其余的 max_threads 块作为执行线程的私有域。一旦分配了 pred 数组，则应将原始数据复制到其第一个 npred*n_cases 块中。

```
pred = (double *) MALLOC ( (max_threads+1) * npred * n_cases * sizeof(double) ) ;
crits = (double *) MALLOC ( mcpt_reps * sizeof(double) ) ;
for (ithread=0 ; ithread<max_threads ; ithread++)
mem_params[ithread].hmm = new HMM ( n_cases , npred , n_states ) ;
```

初始化并启动主循环，将在一个单独线程中执行每次蒙特卡罗置换。

```
n_threads = 0 ;         //统计活动线程数
irep = 0 ;              //蒙特卡罗置换复制个数 (一个线程)
empty_slot = -1 ;       //全部置换后，对刚刚完成的线程进行标识
for (;;) {              //主线程循环处理所有蒙特卡罗置换复制
```

如果是在一个置换过程中（除第一个过程之外），则 pred 数组的开始重新排列"参考"数据集。

```
if (irep) {                           //如果执行置换，重新排列
    i = n_cases ;                     //剩余待重置的个数
    while (i > 1) {                   //至少还有两个待重置
        j = (int) (unifrand () * i) ; //必须保证线程安全；线程正在运行
        if (j >= i)                   //永远不会发生，但需保证安全
            j = i - 1 ;
        --i ;
        for (k=0 ; k<npred ; k++) {
            dtemp = pred[i*npred+k] ;
            pred[i*npred+k] = pred[j*npred+k] ;
            pred[j*npred+k] = dtemp ;
            }
        }
    }如果正在执行置换(irep>0)
```

在用户按下 ESCAPE 键时，在此插入一个检查程序。为了清晰，省略了该代码。如果继续执行，则启动一个新线程。

```
if (irep < mcpt_reps) {  //如果还需继续处理
if (empty_slot < 0)             //当开始填充线程队列时为负
        k = n_threads ;
        else
        k = empty_slot ;
    dptr = pred + (k+1) * npred * n_cases ; //线程数据在此
    memcpy ( dptr , pred , npred * n_cases * sizeof(double) ) ;
    mem_params[k].data = dptr ;
    mem_params[k].irep = irep ;
    threads[k] = (HANDLE) _beginthreadex ( ... ) ;
    ++n_threads ;
    ++irep ;
} //如果(irep<mcpt_reps)
```

检查是否执行完毕，如果完成则中断执行。否则，处理整个线程的运行，一旦执行完成一些线程，就会添加更多的线程。等待一个线程执行完成。

```
if (n_threads == 0) //是否完成？
    break ;
if (n_threads == max_threads && irep < mcpt_reps) { //整个线程但还需执行其他？
    ret_val = WaitForMultipleObjects ( n_threads , threads , FALSE , INFINITE ) ;
    //在此检查是否有错误返回......
    crits[mem_params[ret_val].irep] = mem_params[ret_val].loglike ;
    empty_slot = ret_val ;          //该槽位现在可接受一个新线程
    CloseHandle ( threads[empty_slot] ) ;
    threads[empty_slot] = NULL ;
    --n_threads ;
    }
```

接下来，处理已启动所有工作的情况，现在只需等待线程完成。

```
else if (irep == mcpt_reps) {
    ret_val = WaitForMultipleObjects ( n_threads , threads , TRUE , INFINITE ) ;
    //在此检查是否有错误返回...
    for (i=0 ; i<n_threads ; i++) {
        crits[mem_params[i].irep] = mem_params[i].loglike ;
        CloseHandle ( threads[i] ) ;
        }
    break ;
    }
} //对于所有蒙特卡罗置换复制的循环
```

至此大部分工作都已完成。接下来，统计对数似然等于或大于原始数据的置换复制个数。

```
original = crits[0] ;
count = 1 ;
for (irep=1 ; irep<mcpt_reps ; irep++) {
    if (crits[irep] >= original)
        ++count ;
}
```

上述得到的统计数表明一种简单的蒙特卡罗置换检验，用于证明数据不能由一个隐马尔可夫模型进行解释的零假设。如果该零假设为真（即数据无 HMM 记忆特性），则期望原始数据的对数似然与置换数据集的对数似然大致相同，根据定义，置换数据集无 HMM 记忆特性。但如果数据可由隐马尔可夫模型很好地拟合，那么期望其对数似然将大于大多数或所有置换数据集的对数似然，从而导致统计数非常小。事实上，count/mcpt_reps 是一种概率，即如果零假设为真（数据无 HMM 记忆特性），可能会得到一个对数概率与纯粹靠运气观测的同样大。在执行上述测试时，希望概率不大于 0.05，且 0.01 的下限值是非常保守的。

链接特征变量与目标变量

最后，讨论本章的最终目的。和假设预测变量（特征）与目标变量之间存在直接关系，甚至是因果关系的传统方法不同，而是假设存在一个总是处于几个可能状态之一的隐含过程，且从一个状态到另一状态的转移概率取决于其是从哪一个状态转移而来。每个状态都意味着相关变量的不同概率分布，其中一些是可测的（预测值），而至少有一个是不可测的（目标）。利用可测变量对每个观测的过程状态进行有根据的猜测，然后再根据状态概率知识对目标进行有根据的猜测。

算法可分为三个不同的步骤。在第一步中先忽略目标。对于不熟悉该方法的人来说，这一概念可能较为陌生。第一步是分析一个或多个特征时间序列，找到最适合数据的隐马尔可夫模型。此时，为节省计算时间，在 VarScreen 程序中并不尝试确定模型是否适合。这就是为何在上节中强调记忆测试非常重要的原因。不管究竟是好是坏，认为第一步得到的就是最佳模型。

第二步是将状态与目标关联。这是通过普通的线性回归实现的，即根据每种情况的状态概率向量来预测其目标。该方法比仅确定最可能状态并将名义变量与目标关联更有效，因为还考虑了最可能状态的置信度，以及可能性较小的其他状态的置信度。这种回归的多重 R 作为关联标准。

第三步是对上述确定的关联关系执行蒙特卡罗置换检验，首先计算零假设（即过程状态和目标之间无关联关系）的一个 p 值。不过遗憾的是无法执行理想的蒙特卡罗置换检验，因为预测值和（几乎肯定的）目标都具有序列相关性。因此，在此采用循环置换来代替理想的完备置换，可在很大程度上（尽管不完备）保持序列相关性。不过这会导致 p 值具有较大的误差方差（这是不可避免的）。

VarScreen 程序为上述步骤添加了一个良好的扩展。用户不必将一个小的预测值集合拟合到 HMM，而是可以指定更大的预测值候选集合以及模型中预测值个数（维度 1～3）。然后，该程序为每个可能的预测值集合一次计算一个最优 HMM，并为用户输出与目标具有最大多重 R 的 HMM 的参数集合。另外，还可计算补偿该操作中固有多重比较的蒙特卡罗置换检验 p 值。以下是程序的大致流程。更多细节和代码段随后分析。

1）对于所有候选组合，一次性取维：

2）如果要测试更多组合，需分配一个线程以将 HMM 拟合该组合。

3）如果所有线程都在运行，且有更多组合需要测试，则需等待一个线程执行完成，保存 HMM，然后转到步骤 2）。

4）如果所有组合都已分配给一个线程，需等待所有线程执行完成。保存 HMM 并退出此循环。

5）对于所有蒙特卡罗置换检验的复制：

6）如果已完成第一次复制，则需重置目标。

7）对于所有候选组合 HMM。

8）计算 HMM 与（可能已重置）目标的关联标准。跟踪所有 HMM 中的最佳标准。

9）如果这是第一次（未重置）蒙特卡罗置换检验的复制，需保存此 HMM 的原始标准，并将此 HMM 的单次无偏蒙特卡罗置换检验计数初始化为 1。

10）如果不是第一次蒙特卡罗置换检验的复制，且（已重置）该标准等于或超过该 HMM 的未重置标准，则需增加该 HMM 的单次蒙特卡罗置换检验计数。

11）如果正在执行第一次（未重置）蒙特卡罗置换检验的复制，则对步骤 9）保存的 HMM 标准进行排序，以便随后输出。

12）如果不在执行第一次蒙特卡罗置换检验的复制，那么对于所有的 HMM。

13）如果步骤 8）保存的最佳准则等于或超过步骤 9）保存的原始准则，则为该 HMM 增加无偏蒙特卡罗置换检验计数。

在讨论具体细节之前，首先直观了解一下上述算法。步骤 1）中的循环［包括步骤 2）～4）］为用户提供的候选列表中的每个可能的维度预测器组合拟合并保存一个 HMM。每个组合都由一个线程处理。到目前为止，这是整个算法中最耗时的部分。

步骤 5）的循环是用于处理所有蒙特卡罗置换检验的复制，其中第一次复制是原始的、未置换的目标集。在步骤 7），遍历在步骤 1）～4）中计算和保存的所有 HMM。对于每一个 HMM，计算其与目标（在第一次蒙特卡罗置换检验的复制之后被重置）关联的线性回归标准。跟踪最佳（最大标准）HMM，注意此最佳标准是针对当前蒙特卡罗置换检验的复制，因此在第一次复制之后，是指重置后的目标。

如果是第一次（未重置）蒙特卡罗置换检验的复制，那么将处理实际的目标数据，因此需要保留每个 HMM 的原始标准。在此希望输出该信息，或者随后引用。但如果正在进行一个重置复制，那么需将该标准（对于每个 HMM）与保存的原始（未重置）标准进行比较。如果发现这个由重置目标计算得到的标准至少与由未重置目标所得的标准一样好，那么单独的蒙特卡罗置换检验计数器加 1。随后，当所有复制完成后，可将计数值除以蒙特卡罗置换检验的复制总数，以计算零假设（即当单独考虑时，该 HMM 与目标无关联关系）的 p 值。

在处理完本次蒙特卡罗置换检验复制的所有 HMM 后，执行步骤 11）。如果是第一次（未重置）复制，则对 HMM 的标准进行排序，以便随后可按照与目标的关系顺序输出 HMM。无论是在哪次复制中，步骤 8）保存了所有 HMM 的最佳标准。因此，如果是在一个已重置的复制中，需比较本次复制中的最佳标准和所有原始标准，只要重置复制的最佳标准等于或超过原始标准，则无偏蒙特卡罗置换检验计数器加 1。注意，无论这些原始标准中哪个最好，都是进行公平比较的，或在这种情况下，是优中选优。因此，对于最优的原始 HMM，可将其计数值除以复制次数，以得到一个零假设（即没有一个 HMM 与目标有任何关联关系）的 p 值。

接下来，讨论分析一些细节和代码段。用户给定下列各项：

```
max_threads—使用的最大线程数
ncases—情况个数
nDim—HMM 的维度，1～3
nstates—状态个数
nX—预测候选个数，至少 nDim 个
Xindices—数据库索引
```

另外，还有一个数据结构，用于为训练 HMM 的每个线程传递参数：

```
typedef struct {
    HMM *hmm ;              //对于该线程的 HMM
    int ncases ;           //数据中的情况数
    int ncols ;            //数据中的列数
    double *data ;         //所有数据（使用和未用）；指向全局"database"
    int nDim ;             //HMM 的维度，1～3
    int nstates ;          //状态数
    int icombo ;           //保存结果所需的预测器组合索引
    int pred1 ;            //第 1 个预测器数据库的索引；总是使用
    int pred2 ;            //第 2 个预测器数据库的索引；nDim>=2 时使用
    int pred3 ;            //第 3 个预测器数据库的索引；nDim==3 时使用
    double *datawork ;     //工作域 ncases*nDim
    double crit ;          //返回对数似然
}HMM_PARAMS ;
```

在上述结构中，icombo 是以单整型编码的 pred1～pred3 的预测指数集合。因此，前面的整数和后面的集合是冗余的。但是，针对不同目的，保留两者通常是很方便的，可避免编码或解码的需要。

另外，还定义了一个类，专门用于传递学习到的 HMM 参数：

```
class HMMresult {
public:
    HMMresult ( int ncases , int nDim , int nstates ) ;
    ~HMMresult () ;
    int ok ;               //内存分配是否顺利？
    int pred1 ;            //第 1 个预测器数据库（不是 preds）的索引
    int pred2 ;            //第 2 个预测器数据库的索引
    int pred3 ;            //第 3 个预测器数据库的索引
    double *means ;        //nstates*nDim 的均值；状态变化最慢
    double *covars ;       //nstates*nDim 协方差；状态变化最慢
    double *init_probs ;   //第一种情况在每个状态下的 nstates 维概率向量
    double *transition ;   //nstates*nstates 的转移概率矩阵，$A_{ij}$=prob($i$-->$j$)
    double *state_probs ;  //ncases*nstates 的状态概率
};
```

在此需要为每个线程设置一组线程参数和线程句柄。首先，初始化从不改变的线程参数。

CHAP 4

虽然这些是全局参数，但这样设置，编程更简洁。

```
HMM_PARAMS hmm_params[MAX_THREADS] ;
HANDLE threads[MAX_THREADS] ;
    for (ithread=0 ; ithread<max_threads ; ithread++) {
        hmm_params[ithread].hmm = new HMM ( n_cases , nDim , nstates ) ;
        hmm_params[ithread].ncases = n_cases ;
        hmm_params[ithread].ncols = n_vars ;
        hmm_params[ithread].data = database ;
        hmm_params[ithread].nDim = nDim ;
        hmm_params[ithread].nstates = nstates ;
        hmm_params[ithread].datawork = datawork + ithread * ncases * nDim ;
} //对于所有线程，初始化常量
```

计算需要处理的一次取 nDim 维的 nX 项组合总数。同时初始化第一个组合。

```
ipred1 = icombo = 0 ;
n_combo = nX ;
if (nDim > 1) {
    ipred2 = 1 ;
    n_combo = n_combo * (nX-1) / 2 ;
    if (nDim > 2) {
        ipred3 = 2 ;
        n_combo = n_combo * (nX-2) / 3 ;
        }
}
```

需分配 hmm_results 数组：

```
hmm_results = (HMMresult **) MALLOC ( n_combo * sizeof(HMMresult *) ) ;
for (i=0 ; i<n_combo ; i++) {
    hmm_results[i] = new HMMresult ( n_cases , nDim , nstates ) ;
```

准备开始主循环，其中设置线程来处理每个预测器候选组合。

```
n_threads = 0 ;                    //活动线程计数
for (i=0 ; i<max_threads ; i++)
    threads[i] = NULL ;
title_progress_message ( "Starting initial suite of threads..." ) ;
setpos_progress_message ( 0.0 ) ;
empty_slot = -1 ; //填充标志；完全填充后，标识刚刚完成的线程
for (;;) {          //主线程循环处理所有组合
```

上述循环将继续为线程分配候选组合，直至全部完成。通常需查看用户是否按下 ESCape
键。由于是在重新填充一个空的、已完成的线程之前进行检查，因此需将所有正在运行的线
程压缩到线程句柄数组的开头，然后等待线程执行完成。

```
if (escape_key_pressed || user_pressed_escape ()) {
    for (i=0, k=0 ; i<max_threads ; i++) {    //压缩到数组开始处
        if (threads[i] != NULL)
            threads[k++] = threads[i] ;
        }
```

```
        ret_val = WaitForMultipleObjects ( k , threads , TRUE , INFINITE ) ;
        //在此检查是否返回异常错误
        for (i=0 ; i<k ; i++) {
            CloseHandle ( threads[i] ) ;
            threads[i] = NULL ;              //非真正需要
        }

        return ERROR_ESCAPE ;
}
```

下一个代码块有点棘手。首先查看是否还有更多的组合可以尝试。如果有，将该组合的基本参数置于参数传递结构中，并启动一个新线程。然后执行到下一个预测候选组合。如果仍然在填充线程的初始队列，则 empty_slot 仍为负值。但填充满后，每当一个线程完成任务，其索引将会分配给 empty_slot，在此会被立即填充。

```
        if (icombo < n_combo) {          //如果还有一些组合需要处理
            if (empty_slot < 0)          //在开始填充队列时，为负
                k = n_threads ;
            else
                k = empty_slot ;
            hmm_params[k].icombo = icombo ;        //保存最终结果所需
            hmm_params[k].pred1 = Xindices[ipred1] ;
            if (nDim > 1)
                hmm_params[k].pred2 = Xindices[ipred2] ;
            if (nDim > 2)
                hmm_params[k].pred3 = Xindices[ipred3] ;
            threads[k] = (HANDLE) _beginthreadex ( ... ) ;
            ++n_threads ;
            //继续处理下一个组合
            ++icombo ;
            ++ipred1 ;
            if (nDim > 1) {
                if (ipred1 == ipred2) {
                    ++ipred2 ;
                    ipred1 = 0 ;
                }
                if (nDim > 2) {
                    if (ipred2 == ipred3) {
                        ++ipred3 ;
                        ipred1 = 0 ;
                        ipred2 = 1 ;
                    }
                }
            }
        } //若(icombo<n_combo)（剩下另一个组合需要处理）
    if (n_threads == 0) //是否结束？
        break ;
```

下一个代码块是处理完整线程运行的情况，一旦完成一些线程，就会添加更多线程（组合），只需等待一个线程执行完成。然后，将学习到的 HMM 参数复制到相应组合的 hmm_results 对象。现在这个线程槽可以重用，所以将其复制到 empty_slot，以便下一个线程在此执行。当然，需要关闭线程以将其资源释放回系统，并将线程运行计数器减 1。

```
if (n_threads == max_threads && icombo < n_combo) {
    ret_val = WaitForMultipleObjects ( n_threads , threads , FALSE , INFINITE ) ;
    //应该在此检查是否返回异常错误
    //将运行结果复制到输出向量 hmm_results
    k = hmm_params[ret_val].icombo ;      //结果保存在输出向量中
    memcpy ( hmm_results[k]->means ,
                    hmm_params[ret_val].hmm->means ,
                    nDim*nstates*sizeof(double) ) ;
    memcpy ( hmm_results[k]->covars ,
                    hmm_params[ret_val].hmm->covars ,
                    nDim*nDim*nstates*sizeof(double) ) ;
    memcpy ( hmm_results[k]->init_probs ,
                    hmm_params[ret_val].hmm->init_probs ,
                    nstates*sizeof(double) ) ;
    memcpy ( hmm_results[k]->transition ,
                    hmm_params[ret_val].hmm->transition ,
                    nstates*nstates*sizeof(double) ) ;
    memcpy ( hmm_results[k]->state_probs ,
                    hmm_params[ret_val].hmm->state_probs ,
                    nstates*ncases*sizeof(double) ) ;
    hmm_results[k]->pred1 = hmm_params[ret_val].pred1 ;
    hmm_results[k]->pred2 = hmm_params[ret_val].pred2 ;
    hmm_results[k]->pred3 = hmm_params[ret_val].pred3 ;
            empty_slot = ret_val ;
    CloseHandle ( threads[empty_slot] ) ;
    threads[empty_slot] = NULL ;
    --n_threads ;
}
```

线程循环中的最后一个主要代码块是处理所有组合都已提交给线程的情况，现在只需等待线程执行完成。一旦执行完，就遍历并收集所有结果。

```
else if (icombo == n_combo) {
    ret_val = WaitForMultipleObjects ( n_threads , threads , TRUE , INFINITE ) ;
    //应在此检查是否有错误返回并执行相应操作
    for (i=0 ; i<n_threads ; i++) {
        k = hmm_params[i].icombo ;      //结果保存在输出向量中
        memcpy ( hmm_results[k]->means ,
                        hmm_params[i].hmm_core->means ,
                        nDim*nstates*sizeof(double) ) ;
        memcpy ( hmm_results[k]->covars ,
```

```
                          hmm_params[i].hmm_core->covars ,
                          nDim*nDim*nstates*sizeof(double) ) ;
          memcpy ( hmm_results[k]->init_probs ,
                          hmm_params[i].hmm_core->init_probs ,
                          nstates*sizeof(double) ) ;
          memcpy ( hmm_results[k]->transition ,
                          hmm_params[i].hmm_core->transition ,
                          nstates*nstates*sizeof(double) ) ;
          memcpy ( hmm_results[k]->state_probs ,
                          hmm_params[i].hmm_core->state_probs ,
                          nstates*ncases*sizeof(double) ) ;
          hmm_results[k]->pred1 = hmm_params[i].pred1 ;
          hmm_results[k]->pred2 = hmm_params[i].pred2 ;
          hmm_results[k]->pred3 = hmm_params[i].pred3 ;
          CloseHandle ( threads[i] ) ;
          }
        break ;
        }
} //无限循环，计算所有预测标准的线程
```

上述完成了过程的第一阶段。现已计算并保存了每个可能预测候选组合的 HMM 参数。在此并未保存相关的似然，因为这与任务无关。为简单起见，未给出获取预测器和调用 hmm::estimate()的代码，这在 HMM 记忆特性一节中已介绍。

链接 HMM 状态与目标

现在，已为每个可能的预测候选组合构建了一个 HMM，接下来，继续第二阶段的操作，评估每个 HMM 中状态与目标变量之间的关联。此时，可得到对于每种情况，计算得到的在每个可能状态下的概率向量。以及该情况下的目标值。

评估状态和目标之间关联程度的一种简单方法是将每种情况归类为状态概率最大的一类，然后确定每类的平均目标值。这种方法存在两个问题。首先，如果计划采用这种关联方法来进行预测（尽管在此并不进行预测，不过由于已学习到 HMM 参数，这是很容易实现的），那么预测结果将只会有几个离散值，每个值对应一个状态。对于连续变量，这显然是无法接受的。

更重要的是，这种简单方法忽略了除概率最大的状态之外其他状态的概率。这是不应忽视的重要信息。在本人所提算法中考虑到这一点，通过采用普通线性回归建立一个利用完备状态概率集来预测目标的线性模型。这不仅利用了所有可用的状态信息，而且如果感兴趣的话，还可以提供一个状态成员与目标关联程度的数值表示。在 VarScreen 程序中，未输出回归系数，而是输出相关性，因为在预测值之间存在显著相关性的情况下，这些相关性往往更平稳。然而，如果想要查看这些系数，也是随时可得到的。在此采用奇异值分解方法进行线性回归，因此需要分配该对象：

```
SingularValueDecomp *sptr ;
sptr = new SingularValueDecomp ( n_cases , nstates+1 , 0 ) ;
```

将蒙特卡罗置换检验纳入关联程度计算中非常简单。根据本人习惯，首先在第一次遍历循环中处理未置换的数据，然后进行置换。以下是相关代码的第一部分，用于处理目标重置。

```
for (irep=0 ; irep<mcpt_reps ; irep++) {
    if (irep) {                        //如果执行置换，则重置
        if (mcpt_type == 1) {          //完备重置
            i = n_cases ;              //待重置个数
            while (i > 1) {            //至少还有两个需要重置
                j = (int) (unifrand_fast () * i) ;     //非线程安全子程序，在此适用
                if (j >= i)
                    j = i - 1 ;
                --i ;
                dtemp = datawork[i] ; //在此保存目标
                datawork[i] = datawork[j] ;
                datawork[j] = dtemp ;
                }
            } //类型 1，完备
        else if (mcpt_type == 2) {    //循环
            j = (int) (unifrand_fast () * n_cases) ;
            if (j >= n_cases)
                j = n_cases - 1 ;
            for (i=0 ; i<n_cases ; i++)
                datawork[n_cases+i] = datawork[(i+j)%n_cases] ;
            for (i=0 ; i<n_cases ; i++)
                datawork[i] = datawork[n_cases+i] ;
            }类型 2，循环
    }//如果执行置换，则(irep>0)
```

上述代码用于处理重置，可以是完备类型或循环类型，如果目标具有显著的序列相关性，则必须进行重置（预测值几乎肯定是序列相关的）。在执行此代码之前，datawork 的大小至少分配为 2*n_cases，以便可用下一组 n_cases 插槽作为临时存储。循环重置算法是移位（端点环绕）目标数组，将移位元素复制到存储区域，然后再将其复制回来。原地循环重置更复杂，且执行速度也未显著增加。

SingularValueDecomp 对象不会破坏其右侧输入，因此现在可将目标向量一次性置于其成员 b 中，并在测试各种模型时保留（SVDCMP. CPP 文件中包含使用此对象执行线性回归的详细说明。如有需要，请参考）。此外，还计算了目标的方差，以便后续计算多重 R 标准。

```
memcpy ( sptr->b , datawork , n_cases * sizeof(double) ) ;     //得到目标
mean = var = 0.0 ;
for (i=0 ; i<n_cases ; i++)
    mean += datawork[i] ;
mean /= n_cases ;
```

```
            for (i=0 ; i<n_cases ; i++) {
                diff = datawork[i] - mean ;
                var += diff * diff ;
                }
            var /= n_cases ;
```

接下来，遍历之前计算的所有 HMM。对于每一个 HMM，通过拟合线性模型来计算其多重 R 标准。对于该预测组合，hmm_results 对象中的 state_probs 数组已几乎完全按照 sptr->a（自变量矩阵）所需进行排列。在此，需要做的就是取常数 1.0 作为线性方程中的常数项。然后求解奇异值分解和反向替换来得到回归系数。

```
        for (icombo=0 ; icombo<n_combo ; icombo++) {
            //在此检查用户是否按下 ESCape 键
            aptr = sptr->a ;
            dptr = hmm_results[icombo]->state_probs ; //线性方程中的独立变量
        for (i=0 ; i<n_cases ; i++) {
                for (j=0 ; j<nstates ; j++)
                    *aptr++ = dptr[i*nstates+j] ;
                *aptr++ = 1.0 ; //常数项
                }
            sptr->svdcmp () ;
        sptr->backsub ( 1.e-7 , coefs ) ; //计算最优权重
```

现在已得到线性回归系数。遍历所有情况并累积计算平方误差。由此，可很容易地计算 R^2（多重 R 的平方）。由于两者均单调相关，因此都可作为关系标准。在异常病态情况下，可能预测很糟糕，此时的 R^2 为负值。由于稍后将输出其平方根，为此限定多重 R 为零，这也可改善在此情况（非常罕见）下的蒙特卡罗置换检验。跟踪此蒙特卡罗置换检验复制下的最佳 HMM 标准（best_crit）。

如果是第一次（未置换）复制，则保存每个组合的标准，并初始化单独和无偏蒙特卡罗置换检验计数器。如果是一次置换复制，则根据需要更新单独计数器。

```
        error = 0.0 ;
        for (i=0 ; i<n_cases ; i++) {
            sum = coefs[nstates] ;              //常数项
            for (j=0 ; j<nstates ; j++)          //根据状态概率计算预测的目标
                sum += dptr[i*nstates+j] * coefs[j] ;
            diff = sum - datawork[i] ;           //预测值减去实际值
            error += diff * diff ;
            }
        error /= n_cases ;                       //MSE（均方误差）
        crit = 1.0 - error / var ;               //R²（多重 R 的平方）
    if (crit < 0.0)
            crit = 0.0 ;                          //输出平方根，不能为负
        if (icombo == 0 || crit > best_crit)
        best_crit=crit;
        if (irep == 0) {                         //未置换的原始数据
        sorted_crits[icombo] = original_crits[icombo] = crit ;
```

```
                index[icombo] = icombo ;
                mcpt_bestof[icombo] = mcpt_solo[icombo] = 1 ;
                }
            else if (crit >= original_crits[icombo])
                ++mcpt_solo[icombo] ;
        } //对于所有 HMM 模型（icombo）
```

在此，已完成几乎所有计算。如果是第一次（未置换）复制，则对真正标准按升序排序，同时变更索引，以便后续准确确定。但如果是一次置换复制，则需更新无偏蒙特卡罗置换检验计数器。对于每个组合，如果此次复制中的最佳标准等于或超过组合的标准，则计数器加1。无论所有原始标准中哪一个标准最优，都是进行公平比较的（在此是优中选优），因此计数值除以 mcpt_reps 将是零假设（即如果所有组合都毫无价值，则最优组合是纯粹靠运气获得其标准）的真实 p 值。但对于次于最优的组合，这个比率将是真实但未知 p 值的上限。

```
            if (irep == 0) { //获取以目标排序的 HMM 模型标准的索引
                qsortdsi ( 0 , n_combo-1 , sorted_crits , index ) ;
                ibest = index[n_combo-1] ;        //输出该模型的参数
                }
            else {
                for (icombo=0 ; icombo<n_combo ; icombo++) {
                    if (best_crit >= original_crits[icombo]) //只对最大值有效
                        ++mcpt_bestof[icombo] ;
                    }
                }
        }//对于所有蒙特卡罗置换检验的复制
```

上述代码段可允许读者执行 HMM-目标关联关系分析所需的一切计算。为了清晰，在此省略了内存分配/释放和错误处理等内容，但应保持符合编程人员风格的处理方式。输出结果也是如此，只是展示了如何选择向用户显示的结果。可采用该方法作为处理模板，或根据个人喜好进行修改。

在此，输出用于定义最佳（具有最大多重 R 的目标）HMM 的变量的均值和标准差。对于模型中有一个、两个或三个变量的情况，需要单独的代码块。此处仅展示具有两个和三个变量的代码；只有一个变量的代码显而易见。

```
best_result = hmm_results[ibest] ;        //这是相关性最高的模型
    sprintf ( msg, "Specifications of the best HMM model correlating with %s...",
                    var_names[target] ) ;
    audit ( msg ) ;
    audit ( "Means (top number) and standard deviations (bottom number)" ) ;
    if (nDim == 1) {
        ...
        }
    else if (nDim == 2) {
        sprintf ( msg, "State %15s %15s",
                    var_names[best_result->pred1], var_names[best_result->pred2] ) ;
```

```
        audit ( msg );
        for (i=0 ; i<nstates ; i++) {
            sprintf ( msg, "%4d %12.5lf %16.5lf", i+1,
                              best_result->means[2*i], best_result->means[2*i+1] );
            audit ( msg );
            sprintf ( msg, "  %12.5lf %16.5lf",
                              sqrt ( best_result->covars[4*i] ), sqrt ( best_result->covars[4*i+3] ));
            audit ( msg );
            }
        }
    else if (nDim == 3) {
        sprintf ( msg, "State %15s %15s %15s", var_names[best_result->pred1],
                          var_names[best_result->pred2], var_names[best_result->pred3] );
        audit ( msg );
        for (i=0 ; i<nstates ; i++) {
            sprintf ( msg, "%4d %12.5lf %16.5lf %16.5lf", i+1, best_result->means[3*i],
                              best_result->means[3*i+1], best_result->means[3*i+2]);
            audit ( msg );
            sprintf ( msg, "  %12.5lf %16.5lf %16.5lf", sqrt ( best_result->covars[9*i] ),
                          sqrt ( best_result->covars[9*i+4] ), sqrt ( best_result->covars[9*i+8] ));
            audit ( msg );
            }
        }
```

在此，我们还要输出最佳 HMM 的转移概率矩阵。

```
    audit ( "Transition probabilities..." );
    audit ( "" );
    sprintf ( msg, "        %3d", 1 );
    for (i=2 ; i<=nstates ; i++) {
        sprintf ( msg2, "    %3d", i );
        strcat ( msg , msg2 );
        }
    audit ( msg );
    for (i=0 ; i<nstates ; i++) {
        sprintf ( msg, "%3d", i+1 );
        for (j=0 ; j<nstates ; j++) {
            sprintf ( msg2, "%9.4lf", best_result->transition[i*nstates+j] );
            strcat ( msg , msg2 );
            }
        audit ( msg );
        }
```

最好是输出一个包含其他有用信息的表格。在此，每个状态为一行，在所有列上输出以下信息。在稍后的示例中将详细介绍各项。

- 该状态具有最大概率的情况百分比
- 该状态的概率与目标的相关性

- 过程处于该状态时目标的均值
- 过程处于该状态时目标的标准差

下面，我们输出一个表头。在此之前，还需计算目标的均值，因为需要该值来计算状态概率和目标之间的相关性。以下是对所有状态执行循环操作的代码，随后进行详细讨论。

```
        audit ( "State      Percent      Correlation      Target mean      Target StdDev" ) ;
        ymean = 0.0 ;
        for (i=0 ; i<n_cases ; i++)
            ymean += datawork[i] ;
        ymean /= n_cases ;
for (i=0 ; i<nstates ; i++) {
    xmean = sum_xx = sum_yy = sum_xy = target_mean = target_ss = 0.0 ;
    for (j=0 ; j<n_cases ; j++)
        xmean += best_result->state_probs[j*nstates+i] ;
    xmean /= n_cases ;          //该状态的平均概率
    win_count = 0 ;             //统计该状态具有最大概率的次数
    for (j=0 ; j<n_cases ; j++) {
        x = best_result->state_probs[j*nstates+i] ;   //该状态下这种情况的概率
        y = datawork[j] ;                             //这个情况的目标
        xdiff = x - xmean ;
        ydiff = y - ymean ;
        sum_xx += xdiff * xdiff ;
        sum_yy += ydiff * ydiff ;
        sum_xy += xdiff * ydiff ;
        for (k=0 ; k<nstates ; k++) { //检查是否有其他状态概率>=该概率
            if (k != i &&
                best_result->state_probs[j*nstates+i] <= best_result->state_probs[j*nstates+k])
                break ;
            }
        if (k == nstates) { //如果该状态优于（不包括相等）所有其他状态
            ++win_count ;
            target_mean += y ;
            target_ss += y * y ;
        }
    }
}
    sum_xx /= n_cases ;     //在此不需要，因为随后会消除 n_cases
    sum_yy /= n_cases ;     //在此执行，以防不时之需
    sum_xy /= n_cases ;
    if (win_count > 0) {
        target_mean /= win_count ;
        target_ss /= win_count ;
        }
    else {
        target_mean = 0.0 ;
        target_ss = 0.0 ;
```

```
        }
    sprintf ( msg, "%3d %9.2lf %9.5lf %12.5lf %13.5lf",
            i+1, 100.0 * win_count / n_cases, sum_xy / ( sqrt ( sum_xx * sum_yy ) + 1.e-20),
            target_mean, sqrt(target_ss - target_mean * target_mean) ) ;
    audit ( msg ) ;
    }
```

每个状态都是单独处理的。立即将所有情况中累积的各项清零。计算该状态的平均概率，并将该状态的获胜次数清零。

接下来的 8 行代码是累积计算平方和与交叉乘积，这是计算该状态概率与目标之间的相关性时所需的。

k 次循环是为了查看在这种情况下是否有其他状态的概率等于或大于该状态的概率。如果不存在，则在这种情况下该状态最优，此时 if 语句的结果为真，统计获胜次数，并累积计算该状态获胜的特殊情况下的均值与平方和。

在所有情况都处理完之后，除以 n_cases 得到均方和与交叉乘积。其实在此无需执行除法，因为在计算相关性时，n_cases 已消除。然而，在这里执行该运算是以防平方和用于其他用途。

此外，只要至少有一次该状态获胜，就需除以计数值以获得均值和方差。在计算和输出标准差时，采用了"简单"的直接公式。一般情况下不建议使用该公式，因为如果均值相对于标准差较大，则从平方和中减去均值平方会显著降低精度。不过，仅输出这个量不是关键，在采用该方法的任何应用中，均值不太可能远大于标准差。如果这是一个错误假设，那么应采用更复杂的"个体差"公式，即计算相关性时所执行的运算。不过该方法需要将获胜情况留到第二次遍历，只是徒增烦琐。

最后一步是显示输出与目标相关性最高的模型，并将最佳模型排在首位。在此输出了定义 HMM 的预测变量，与目标具有多重 R 的状态概率，以及单独和无偏下的 p 值。

```
    sprintf ( msg, "------------> Hidden Markov Models correlating with %s <------------",
            var_names[target] ) ;
        audit ( msg ) ;
    if (nDim == 1)
        audit ( " Predictor Multiple-R Solo pval Unbiased pval" ) ;
    else if (nDim == 2)
        audit ( " Predictor 1 Predictor 2 Multiple-R Solo pval Unbiased pval" ) ;
    else if (nDim == 3)
        audit ( " Predictor 1 Predictor 2 Predictor 3 Multiple-R Solo pval Unbiased" ) ;
    for (i=n_combo-1 ; i>=0 ; i--) {      //按升序排序，因此需反向输出
        if (max_printed-- <= 0)           //该用户参数限制了输出个数
        break;
        k = index[i] ;                    //获得该 HMM 的预排序索引
        if (nDim == 1)
            sprintf ( msg, "%15s %12.4lf",
```

```
                        var_names[hmm_results[k]->pred1], sqrt(original_crits[k]) ) ;
            else if (nDim == 2)
                sprintf ( msg, "%15s %15s %12.4lf",
                        var_names[hmm_results[k]->pred1],
                        var_names[hmm_results[k]->pred2], sqrt(original_crits[k]) ) ;
            else if (nDim == 3)
                sprintf ( msg, "%15s %15s %15s %12.4lf",
                        var_names[hmm_results[k]->pred1],
                        var_names[hmm_results[k]->pred2],
                        var_names[hmm_results[k]->pred3], sqrt(original_crits[k]) ) ;
            sprintf ( msg2, " %12.4lf %12.4lf",
                        (double) mcpt_solo[k] / (double) mcpt_reps,
                        (double) mcpt_bestof[k] / (double) mcpt_reps ) ;
            strcat ( msg , msg2 ) ;
            audit ( msg ) ;
        } //对于所有的最优 HMM
```

上述代码段位于 HMM_LINK. CPP 文件中。

一个人为的不当示例

本节介绍一个使用合成数据来阐述算法的演示示例。另外，还将探讨试图在隐马尔可夫模型不能很好拟合的数据上执行该算法时会产生什么问题。数据集中的变量如下：

RAND0～RAND9 是相互独立的（自身以及相互之间）随机时间序列。这些都是候选预测。

SUM12 = RAND1 + RAND2 这是目标变量

选择使用两个预测器，以及在模型中允许四个状态。该程序对(10*9)/2=45 对候选预测中的每一个都进行隐马尔可夫模型拟合。不出所料，基于 RAND1 和 RAND2 的模型与 SUM12 的相关性最高。首先输出每个状态的均值和标准差：

均值（上面的值）和标准差（下面的值）

状态	RAND1	RAND2
1	0.06834	-0.66014
	0.48729	0.21358
2	-0.73466	0.07687
	0.17187	0.54038
3	-0.02272	0.35902
	0.39033	0.39555
4	0.73542	0.08884
	0.17546	0.52133

RAND1 和 RAND2 完全随机（只存在于一个状态中），因此试图用隐马尔可夫模型来对其拟合是非常不平稳的。事实上，在 10 次测试运行中，只有 2 次程序得到解，其中状态均值几乎为零，表明状态之间没有区别。但大多数时候，会产生一个与前一个模式基本相同的模式。这个解非常类似于一种主成分分解：RAND1 区分状态 2 和状态 4，而 RAND2 区分状态 1 和状态 3。因此，关于过程处于四个状态中哪个状态的知识提供了有关 SUM12 的大量信息。

接下来，分析转移概率。第 i 行第 j 列中的值表示过程从状态 i 转移到状态 j 的概率。毫不奇怪，这些值几乎相同。相对较小的差别只是由于数据的随机变化。

转移概率……

	1	2	3	4
1	0.2638	0.2037	0.3494	0.1830
2	0.2438	0.1945	0.3638	0.1979
3	0.2130	0.1682	0.4174	0.2014
4	0.2404	0.2148	0.3272	0.2176

然后，显示输出每个状态的其他属性：

Percent 为该状态具有最大概率的情况的百分比。所有状态的这些量之和可能达不到 100%，因为未统计与最大概率相等的情况。如果是连续数据，这几乎不会发生。

Correlation 是目标与该状态隶属概率之间的一般相关系数。首先认为，根据状态概率预测目标的线性方程中的 β 权重是更好的输出量。但根本未输出 β 权重，因为这种权重严重不平稳，从而信息不足。假设两个状态的隶属概率之间存在非常高的相关性，那么如果用户指定的状态多于过程中实际存在的状态，就尤其可能发生这种情况。这样就会发生两种概率都可能与目标高度相关，而 β 权重却可能实际上相反！

Target mean 是指该状态具有最大隶属概率时的目标均值。若存在与最大值相等（对于连续数据几乎不可能）的情况，则不计入。

Target StdDev 是指该状态具有最大隶属概率时的目标标准差。若存在与最大值相等（对于连续数据几乎不可能）的情况，则不计入。

状态	百分比	相关系数	目标均值	目标标准差
1	23.76	-0.53350	-0.54538	0.45473
2	21.73	-0.52368	-0.71809	0.56342
3	34.03	0.38210	0.35674	0.47747
4	20.48	0.62840	0.92173	0.49069

读者应查看四个状态中每个状态的 RAND1 和 RAND2 均值表，并确认表中所示的相关性和目标均值是合理的。另外，还需观察状态隶属概率符合转移矩阵。正如对随机序列的预期，目标标准差几乎都差不多。

最后但并非最不重要的是模型列表，按照与目标的多重 R 降序排序。正如预期（或至少希望如此），首先显示的是与 RAND1 或 RAND2 相关的模型，这些模型都非常重要。一旦用完这两个变量，多重 R 急剧减小，且显著性急剧下降。在此未给出表的其余部分，不过完全类似。

------>与 SUM12 相关的隐马尔可夫模型<------

预测 1	预测 2	多重 R	单独 p 值	无偏 p 值
RAND1	RAND2	0.8896	0.0010	0.0010
RAND1	RAND3	0.6937	0.0010	0.0010
RAND1	RAND5	0.6680	0.0010	0.0010
RAND0	RAND1	0.6619	0.0010	0.0010

RAND1	RAND9	0.6604	0.0010	0.0010
RAND1	RAND8	0.6590	0.0010	0.0010
RAND2	RAND5	0.6579	0.0010	0.0010
RAND0	RAND2	0.6554	0.0010	0.0010
RAND2	RAND9	0.6493	0.0010	0.0010
RAND1	RAND7	0.5870	0.0010	0.0010
RAND1	RAND4	0.5845	0.0010	0.0010
RAND2	RAND4	0.5756	0.0010	0.0010
RAND2	RAND3	0.5721	0.0010	0.0010
RAND2	RAND7	0.5667	0.0010	0.0010
RAND2	RAND6	0.5648	0.0010	0.0010
RAND2	RAND8	0.5623	0.0010	0.0010
RAND1	RAND6	0.3938	0.0010	0.0010
RAND3	RAND9	0.0307	0.1110	0.8760

一个合理可行的示例

本节讨论一个使用实际数据的隐马尔可夫模型演示示例,在本例中,是一个预测金融市场未来走势的应用程序。其中,包括五个候选预测变量和一个目标:

CMMA_5 是市场的当前收盘价,减去其 5 日走势平均线。这表明市场(截至当日收盘)偏离近期价格水平的程度。

CMMA_10 是一个类似量,只是基于 10 日走势平均线。

CMMA_20 是一个类似量,只是基于 20 日走势平均线。

LIN_ATR_7 是最近 7 日价格最佳拟合连线的斜率,由实际取值范围的平均值进行归一化。这表明市场的短期价格趋势。

LIN_ATR_15 是一个类似量,只是基于 15 日的趋势。

DAY_RETURN_1 是指下一日的市场变化,由实际取值范围的平均值进行归一化。由于其反映了市场价格的未来变化,因此选取该变量作为目标。

该示例指定模型将使用两个预测器,以及三个可能状态。与目标最相关的模型使用 CMMA_5 和 CMMA_20 作为预测器。每个状态下,这些变量的均值和标准差如下所示:

均值(上面的值)和标准差(下面的值)		
状态	CMMA_20	CMMA_5
1	-20.81845	-15.87819
	9.42582	16.57821
2	24.57826	17.83951
	8.25328	15.22672
3	3.57633	2.36846
	7.27092	17.76842

上述三个状态在预测器分布方面完全不同。特别是 CMMA_20,其均值相对于标准差相距甚远。由上可知,状态 1 的特征是今日价格比近期价格低很多,状态 2 的特征是今日价格比近期价格高很多,状态 3 的特征是今日价格与近期价格差不多。这貌似太"合理",以至

于难以置信，但多次重复测试始终产生类似结果。

如下所示的转移概率矩阵揭示了几个有趣特性。首先，状态具有相当大的持久性；明日过程将保持与今日相同状态的概率大约为 90%。另一个有趣的特性是，如果不经过状态 3，市场几乎不可能在状态 1 和状态 2 之间转移，且实际上，市场可能会在状态 3 停留一段时间。事实上，从状态 1 到状态 2 的概率可能是零到至少四位数！

转移概率……

	1	2	3
1	0.8978	0.0000	0.1022
2	0.0014	0.9095	0.0890
3	0.0711	0.0747	0.8542

附加属性表显示了这些状态与目标（即下一日市场的价格变化）的关系。由表可知，状态 3（即价格保持相当稳定）最常见，几乎占 40%。另外，未来价格走势至少会持续 1 天，因为状态 1（即今日收盘价远低于近期价格）与明日价格负增长相关。同理，状态 2（即今日收盘价远高于近期价格）与明日价格上涨相关。最后，值得注意的是，状态 1 下目标的标准差几乎比其他两个状态时高出 50%。因此，当处于收盘价远低于近期价格的状态时，可预期市场会出现异常大的动荡。这与直觉非常吻合，同时很高兴从数值上得以证实。

状态	百分比	相关系数	目标均值	目标标准差
1	27.75	-0.07034	-0.05099	0.86047
2	32.41	0.06831	0.08906	0.60901
3	39.84	-0.00049	0.02438	0.64007

最后，根据模型与目标的关系程度对模型列表进行排序。由列表得出的主要结论是，在预测明日价格走势方面，CMMA 变量比线性趋势变量重要得多。此外，这些关系的显著性程度令人印象深刻，通常是从 1000 次蒙特卡罗复制中获得的最小值。

预测 1	预测 2	多重 R	单独 p 值	无偏 p 值
CMMA_20	CMMA_5	0.0807	0.0010	0.0010
CMMA_5	LIN_ATR_7	0.0762	0.0010	0.0010
CMMA_10	CMMA_5	0.0689	0.0010	0.0010
CMMA_10	CMMA_20	0.0686	0.0010	0.0010
CMMA_20	LIN_ATR_7	0.0650	0.0010	0.0010
CMMA_20	LIN_ATR_15	0.0442	0.0010	0.0010
CMMA_10	LIN_ATR_7	0.0408	0.0010	0.0010
CMMA_10	LIN_ATR_15	0.0330	0.0020	0.0080
CMMA_5	LIN_ATR_15	0.0227	0.0480	0.1500
LIN_ATR_15	LIN_ATR_7	0.0168	0.1790	0.4750

第**5**章
逐步选择改进算法

可能读者都熟悉逐步选择。通常情况下，对于某些预测或分类任务，已有大量候选集。测试每个候选对象，并从中选取一个能够最佳完成任务的候选对象，然后继续测试其余候选对象，寻找一个与已选候选对象一起性能表现最好的候选对象。根据需要重复执行。这是一种快速、高效且通常相当有效的方法，可从潜在的大量候选对象中选择一个恰当的特征子集。

遗憾的是，这种广泛使用的传统算法存在几个严重缺点。最明显的一个问题是，通常只有在同时具备多个有效特征时，才能对应用进行处理。举个简单示例，假设想要评估某个人的智力，可以对其进行一个复杂的逻辑推理测试。假设此人答对了一半问题，若这个人是25 岁，这个分数意味着一种情况，而若是 3 岁，则又完全意味着另一种情况。或者假设想要测试患心脏病的风险。单凭身高和体重都不是很好，但如果将两者结合则能够提供显著的预测能力。在处理这类应用时，简单的逐步选择很容易忽略一个与另一预测因子联合使用时非常强大，但若单独使用则几乎毫无价值的预测因子。

如果处理不当，逐步选择又会产生的另一个问题是随着增加更多变量（特征），一个简单的选择标准就会导致性能稳步提高。这是由于误认为随机噪声是有用信息而造成的。随着检测更多特征，选择算法在学习噪声特性方面的性能变得越来越好，而没有意识到所谓有价值的"特征"并不代表可重复的模式。如果用一个过于简单的度量标准来判断性能好坏，如样本内性能，那么很可能会添加过多变量而实际上导致样本外性能降低。

简单逐步选择的另一个潜在问题是无法区分表面上性能良好和统计性能良好。显然，如果在很大的可能性上只是由于运气好而并非真正表现良好，那么卓越的性能数据就毫无意义。这些就是本章将要讨论的关键问题。

特别是，本章将提出一个广泛适用的逐步选择通用算法，并给出相应的完整源代码。该代码将利用一个可快速训练的非线性模型来评估特征集的预测能力。不过，在此将以读者可很容易地加入另一种模型，或者甚至将该算法封装在读者现有建模软件中的这样一种方式展现。该逐步选择算法在以下三个方面区别于简单的传统方法：

- 显著克服了单独使用时关键变量几乎无任何价值的问题，同时避免了对所有可能特征子集进行穷举测试而产生的组合爆炸问题。这是通过在每一步执行中保存多个可能子集并结合这些子集来评估后续候选对象来实现的。
- 根据特征集的交叉验证性能来判断其好坏，从而避免了"变量越多性能越好"的问题。这极大降低了随机噪声被误认为有效预测信息的可能性。另外，还提供一种简单有效的自动方法来停止向特征集添加新特征。
- 在添加每个新的特征变量时，计算两种概率。最重要的是，如果当前选择的所有特征都无任何价值，那么当前特征集所达到的性能标准完全是靠运气。另一种不太重要但比较有用的度量是如果所有当前特征都确实毫无意义，那么在已选择特征中添加最近选择的特征所实现的性能提高可能与实际观测到的一样。

本章所讨论算法的完整源代码位于 STEPWISE.CPP 文件中。

特征评估模型

为结合实际源代码介绍改进的逐步选择算法，需要一个基本模型来评估特征变量的预测能力。该模型无需功能特别强大或非常复杂，因为其作用是次要的，而主要目标是：逐步特征选择。不过模型功能应足以合理展示算法性能。当然，还应该能够进行快速训练，以便对算法进行实际测试。

本人最常用的一种预测模型正好完全符合上述要求。这就是所谓的线性二次回归，或称为二次线性回归。在该模型中，输入向量不仅包括特征变量，还包括其平方以及所有可能叉积。对一个普通线性回归模型输入这些变量，这种混合方法不仅具有简单线性回归的快速性和稳定性，同时还提供了显著的非线性能力，包括完全反转整个特征域中预测因子/目标关系，以及特征之间的复杂交互。这的确是一个很好的模型。

从数学角度来看，无需对输入变量进行标准化处理，在理论性能上无差别。然而，对于实际应用中的计算，以及易于人为解释模型系数来说，对输入进行标准化处理［均值为零，方差相等（在代码中为1）］非常重要。

严谨的用户会确保输入特征至少在某种程度上是相互独立的。特征之间的显著相关性是不可避免的，也是完全可以接受的，但禁止具有精确或近乎精确的共线性。不过，这非常容易犯错。为此，并未采用线性回归矩阵求逆方法，而是采用奇异值分解法。在此不再对该方法进行详细讨论；在 SVDCMP.CPP 文件中包含执行该操作的类，并在文件开头的注释中详细阐述了如何应用于"安全"线性回归。

基本模型实现代码

对于本章提供的逐步选择代码，在实现设计时便于读者根据需要很容易地选择另一种模型。整个代码需要两个子程序：一个用于在给定训练集下进行模型训练；另一个用于在给定测试集下计算模型的性能标准。针对在此讨论的逐步选择算法而言，这两个子程序是完全黑盒的；内部执行完全不相关。因此，读者可用实际需要的任何模型来替换在此所用的模型。事实上，并不局限于预测模型。可以是任何一种执行过程为在训练集上优化某种性能的某些度量，然后在测试集上评估相应性能度量的替代模型。唯一的限制是性能度量必须是一个"总计"，即一组实例的性能（或误差）是集合中各个实例的性能总和。

训练子程序和测试子程序的调用机制如下：

```
static int fit_model (
    int ncases ,          //数据中的实例数
    int omit_start ,      //在拟合中省略的第一个实例的索引
    int omit_stop ,       //省略的最后一个实例的索引
    int npred ,           //所用的预测因子数
    int * preds ,         //在数据中的索引
    int ncols ,           //数据中的列（变量）数
    double * data ,       //ncases*ncols 数据集
    double * target ,     //ncases 维目标向量
    double * coefs        //计算系数
)
static double evaluate (
    int ncases ,          //数据中的实例数
    int test_start ,      //第一个待测试实例的索引
    int test_stop ,       //最后一个待测试实例的索引
    int npred ,           //所用的预测因子数
    int * preds ,         //在数据中的索引
    int ncols ,           //数据中的列（变量）数
    double * data ,       //ncases*ncols 数据集
    double * target ,     //ncases 维目标向量
    double * coefs        //计算系数
)
```

数据集 data 中包含 ncases 行观测值，其中每行具有 ncols 个变量，并非所有变量都会用到。实际上，子程序仅用到 npred 个变量，且指定所用的 preds 列（从 0 起始）中的各项。对于一个预测模型（如此处所示），目标变量 target 是预测量的真实值，但在更一般的应用场景中，可以是训练和评估子程序中用于优化和度量的任意量。

对于训练子程序 fit model()，需指定起始行 omit_start 和 omit_stop（比训练期间忽略实例块的结束行大 1）。在评估子程序中，对于用于评估模型质量的实例，同样需给定一个起始行（test_start）和一个结束行（test_stop）。

最后，必须提供一个用于包含模型的优化指标或定义实现方案所需任何内容的数组。在此，该数组包含的是线性二次模型的系数。这个数组由 fit_model()输出，并作为 evaluate()的输入。以下是 fit_model()的完整代码。注意，这里需要三个通常用于支持子程序重用的静态变量，而不必删除 SingularValueDecomp 对象，然后再分配一个新的对象。创建和销毁该对象需要多次内存分配/释放，因此应尽量避免，以防止内存波动。

```
static int svdcmp_nrows = 0 ; //用于保存 SingularValueDecomp 对象以便重用的三个静态变量
static int svdcmp_ncols = 0 ;
static SingularValueDecomp * sptr = NULL ;
static int fit_model ( ... ) //上述调用函数列表
{
    int icase, ivar, nvars, ntrain, k1, k2 ;
    double * aptr, * bptr, * dptr ;
    nvars = npred + npred *   (npred+1) / 2 ; //线性+二次
    ntrain = ncases - (omit_stop - omit_start) ; //训练实例数
    if (sptr == NULL || svdcmp_nrows != ntrain || svdcmp_ncols != nvars+1) {
        if (sptr != NULL) //在对象大小改变时只需重新创建对象
            delete sptr ;
    sptr = new SingularValueDecomp ( ntrain , nvars+1 , 0 ) ;
    svdcmp_nrows = ntrain ;
    svdcmp_ncols = nvars + 1 ;
    }
if (sptr == NULL || ! sptr->ok)
    //处理内存不足的错误；参见 STEPWISE.CPP 以了解如何实现
```

接下来，在成员 a 中构建设计矩阵。随后将目标变量存放在成员 b 中。将该操作作为循环中的一部分会稍微更高效一些，但为了清晰，在此单独执行。

```
aptr = sptr->a ;
bptr = sptr->b ;
for (icase=0 ; icase<ncases ; icase++) {
    if (icase >= omit_start && icase < omit_stop)
        continue ; //跳过训练后将要测试的块
dptr = data + icase *   ncols ;
k1 = 0 ; //交叉乘积的索引
k2 = 1 ;
for (ivar=0 ; ivar<nvars ; ivar++) {
    if (ivar < npred) //线性项
        * aptr++ = dptr[preds[ivar]] ;
    else if (ivar < 2* npred) //平方项
        * aptr++ = dptr[preds[ivar-npred]] *   dptr[preds[ivar-npred]] ;
```

```
else { //交叉乘积项
    * aptr++ = dptr[preds[k1]] * dptr[preds[k2]] ;
    ++k2 ; //下一个交叉乘积项
    if (k2 == npred) {
        ++k1 ;
        k2 = k1 + 1 ;
        }
    }
}
* aptr++ = 1.0 ; //常数
}
```

上述代码构建了设计矩阵，接下来计算其奇异值分解。将目标变量复制到成员 b，然后执行反向替换来计算系数。如前所述，在构建设计矩阵的循环中，将目标变量复制到成员 b 会稍微更高效一些。但该循环已较为复杂，因此为避免再增加复杂性，在此单独执行。可根据需要，将执行操作纳入到循环中。

设置常数 1.e-7 不是非常关键，只有在用户不小心提供了具有高度共线性的预测变量时该值才会起作用。这个常数是作为处理上述情况的一个阈值。有关 SingularValueDecomp 对象的详细信息，可参见 SVDCMP.CPP 文件。在网上和许多教科书中也可以很容易地找到关于这一主题的详细阐述。

```
sptr->svdcmp () ;
for (icase=0 ; icase<ncases ; icase++) {
    if (icase < omit_start || icase >= omit_stop)
        * bptr++ = target[icase] ;
    }
sptr->backsub ( 1.e-7 , coefs ) ;
return 0 ;
}
```

评估已训练模型性能的代码很简单，只需对所有测试实例的均方误差求和。如果要更改基本模型或性能标准，则必须确保性能度量是"可求和"的，这意味着一组实例的性能是单个实例性能的总和。如果情况不是这样，则需修改交叉验证子程序（将在下节介绍）。以下是评估子程序代码：

```
static double evaluate ( ... ) //上述调用函数列表
{
    int icase, ivar, nvars, k1, k2 ;
    double x, * dptr, pred, diff, err ;
    nvars = npred + npred * (npred+1) / 2 ; //线性+二次
```

下面的循环是利用已训练的模型来计算测试集中每个实例的预测值。将预测值减去真实值，对差值求平方，并对整个测试集上的平方误差求和，所得的总和作为性能标准返回。

```
err = 0.0 ; //平方误差求和
for (icase=test_start ; icase<test_stop ; icase++) { //遍历测试集
```

```
        dptr = data + icase *  ncols ;              //当前测试实例
        k1 = 0 ; //交叉乘积索引
        k2 = 1 ;
        pred = coefs[nvars] ; //预测方程中的常数项
        for (ivar=0 ; ivar<nvars ; ivar++) {
            if (ivar < npred) //线性项
                x = dptr[preds[ivar]] ;
        else if (ivar < 2* npred) //二次项
            x = dptr[preds[ivar-npred]] *  dptr[preds[ivar-npred]] ;
        else { //交叉乘积项
            x = dptr[preds[k1]] *  dptr[preds[k2]] ;
            ++k2 ; //下一个交叉乘积项
            if (k2 == npred) {
                ++k1 ;
                k2 = k1 + 1 ;
                }
            }
        pred += x *  coefs[ivar] ;        //对预测方程求和
        } //For ivar
    diff = pred - target[icase] ;         //预测值减去真实值
    err += diff *  diff ;                 //平方误差求和
    } //对于实例 i 的循环
  return err ;
}
```

交叉验证性能度量

　　针对一个任务，传统的简单特征选择方法是最大化样本内的性能标准。即利用单个数据集来计算性能标准，并选择能够提供最优标准的特征。

　　当然，即使是不太严谨的开发人员也会继续使用另一个独立的数据样本，并结合所用模型来评估该特性集的质量，但到那时就已经太迟了。这种特征选择方法几乎总是只能得到一个次优的特征集。

　　这种简单的特征选择方法只能得到次优结果的原因在于任何数据集都是混合了有效信息和随机噪声。遗憾的是，在几乎所有应用中，若仅有一个数据集，则该优化算法无法区分噪声和有效信息。因此，无论对于何种算法，只要是将数据集中的特征与正确目标值关联，以计算性能度量，那么至少在某种程度上都会混淆噪声与特征。根据定义，噪声不会在其他数据中重复出现，因此根据噪声与目标关联的能力来选择特征，是极其错误的。

　　目前，已提出各种方法来处理这一关键问题，大多数方法都是基于某种复杂性惩罚机制。相应的性能标准可能是基于一些简单规则，如应用一种随着特征增多而增大惩罚的机制。另外一些方法可能是试图评估特征在数据集中对于性能的作用程度，并去除作用相对较小的特征。还有一些方法可能是采用先进的复杂性度量方法，并对生成模型复杂性较高的特征集进行惩罚。这些方法都有效，但都是间接解决了非重复性噪声与重复性信息混淆的特征选择问题。

本人观点是最好采取一种直接方法来解决该问题：从一个数据集中选取试验特征集来优化模型的核心性能，然后在不同数据集上测量模型性能来评估该特征集的质量。这样，可获取有效信息的特征在具有有效信息的第二个数据集上也会表现良好。但是，那些将随机噪声误认为有效信息的特征会在第二个数据集上表现较差，因为这些虚假模式可能不会出现。

如果只是简单地将数据集分为两部分，会浪费大量潜在的有价值数据。因此需采用交叉验证方法。数据集的一部分用于优化模型，即用于测试已训练的模型。然后将该部分数据返回数据集，并选用另一部分数据。重复执行上述方式，保证数据集中的每个实例只在选用部分数据中出现一次。

交叉验证的一个不可避免的缺点是有时需要麻烦的权衡折中，如果每次仅保留较少实例（每个选取数/保留数的比例称为折叠），那么处理时间将会很长，因为必须针对每次折叠重新优化模型。为此，需尽量减少折叠次数（每次保留较多实例）。但如果保留实例过多，又会减少用于优化的实例数，从而导致模型的准确性和稳定性降低，进而使得模型结果的准确性较低。经验法则是在程序运行允许时间内，应采用尽可能多的折叠次数。

如果是执行固定的或黑箱训练/测试子程序，交叉验证通常需要对数据集进行大规模重置，以保持训练集和测试集的连续性。然而，由于在本例中整个流程可控，因此完全不用重置。在训练过程中，需指定数据集中保留部分的起始和停止位置（之前代码中的 omit_start 和 omit_stop），在测试过程中，需在测试子程序中指定同样的相应位置（之前代码中的 test_start 和 test_stop），这样可简化交叉验证子程序的执行。

下面给出了用于评估特征子集质量的交叉验证子程序，并进行了简单讨论。所有的调用参数都已介绍过。

```
static int xval (
    int ncases ,        //数据中的实例数
    int nfolds ,        //折叠次数
    int npred ,         //使用的预测因子数
    int * preds ,       //数据中的索引
    int ncols ,         //数据中的列数（变量数）
    double * data ,     //ncases 行 ncols 列的数据集
    double * target ,   //ncases 维目标向量
    double * coefs ,    //rpred+npred*(npred+1)/2 +1 工作区
    double * crit       //在此返回计算得到的性能标准
)
```

```
{
    int ifold, n_remaining, test_start, test_stop ;
    double error ;
    n_remaining = ncases ;
    test_start = 0 ;
    error = 0.0 ;
    for (ifold=0 ; ifold<nfolds ; ifold++) {
        test_stop = test_start + n_remaining / (nfolds - ifold) ;
        fit_model( ncases, test_start, test_stop, npred, preds, ncols, data, target, coefs ) ;
        error += evaluate ( ncases , test_start , test_stop , npred , preds , ncols , data ,
            target , coefs ) ;
        n_remaining -= test_stop - test_start ;
        test_start = test_stop ;
        }
    * crit = 1.0 - error / ncases ;
    return 0 ;
}
```

上述子程序在 n_remaining 中保存待测试的实例数。对于每次折叠，测试的实例数是剩余待测试实例数除以剩余折叠次数（nfold-fold）。将该值添加到测试块的起始索引中，以得到结束索引（一次遍历）。测试块之外的实例用于优化模型，然后通过测试块对模型进行评估。下一个测试块紧接着前一个测试块之后开始。由于目标变量已经过标准化处理为单位方差，因此很容易计算，并使用 R^2 作为性能标准，如之前所述。

逐步选择算法

保留多个"迄今为止最好"特征集的算法比想象的更为复杂。现在，分别给出该算法的简化的伪代码和实际 C++代码。整个流程如下：

```
分配所有数组
保存目标变量副本
  添加变量……
    对于所有置换[irep 从 0 到 mcpt_reps-1]…
        从保存的副本中取目标变量
      如果(irep 不为 0)[如果这是一次置换检验]
            为该次置换设置随机种子
            重置
        获取指向这个 irep 的"迄今为止"私有变量的指针
        添加一个变量，更新"迄今为止"私有变量
        如果 crit 减小且目标量最少且非置换，则退出
        如果 irep=0[未置换试验]
            初始化蒙特卡罗置换检验
        否则
```

更新蒙特卡罗置换检验
　　输出刚刚添加的变量及其 MCPT 的 p 值
　　如果达到用户设定的最大变量，则中断执行
释放所有数组

该算法的完整源代码以及之前介绍的子程序都位于 STEPWISE.CPP 文件中。在此，将其分解成单个代码块，并逐个进行讨论。

在接下来的一段代码中，给出子程序 step_main() 的调用参数。大多数参数都无需解释，只有几个参数需要特别关注。用户参数 nkeep 和 nfolds 分别是执行每一步后保留的"迄今为止最好"的特征集个数和交叉验证的折叠次数。如果设 nkeep 为 1，则采用普通的前向选择（尽管仍是基于交叉验证标准，但不是表明样本内性能）。

用户指定参数 minpred 和 maxpred 分别表示用户所需特征的最小个数和最大个数。在此至少提供 minpred 个特征，即便如此也会导致性能标准下降。对于大多数应用程序，建议设该值为 1，并设 maxpred 为候选对象个数，因为可确信大多数情况下，在达到该上限值之前，早已不再增加特征。最后需要注意的是，获取 pred_indices 与算法没有任何关系。在此之所以设置该变量，只是因为如果是从一个较大的"主"数据库中提取候选预测因子，且主数据库中这些变量的名称可用，则可为用户输出这些变量名称。稍后介绍该代码的工作流程，如果需要的话，可以删除或修改该代码。被调用的变量如下：

```
static int step_main (
    int ncases ,           //数据中的实例数
    int ncand ,            //候选预测因子个数
    int * pred_indices ,   //在原始数据库中的索引（仅用于命名）
    double * predvars ,    //ncase*nand 预测因子候选矩阵
    double * target ,      //ncases 维目标向量
    int nkept ,            //执行每步后保留的最佳预测因子个数
    int nfolds ,           //XVAL 标准的折叠次数
    int minpred ,          //最终模型中预测因子的最小数量
    int maxpred ,          //最终模型中预测因子的最大数量
    int mcpt_type ,        //1 =完备, 2 =循环
    int mcpt_reps ,        //蒙特卡罗置换检验复制个数，如果不进行蒙特卡罗置换检验，则<=1
    int * n_in_model ,     //返回模型中预测因子的最终数量
    int * model_vars       //返回模型变量预估值的索引
)
```

第一步是分配需要的所有数组。为避免不必要的再训练，将在 already_tried 中保存每一步训练的所有模型，其中包括具有每个新候选因子（ncand）的每个保留集（nkeep），最大为 maxpred 个。为此，需要 tried_length 整型变量。

```
tried_length = maxpred *  ncand *  nkept ;
already_tried = (int * ) MALLOC ( tried_length *  sizeof(int) ) ;
trial_vars = (int * ) MALLOC ( maxpred *  sizeof(int) ) ;
all_best_trials = (int * ) MALLOC ( mcpt_reps *  maxpred *  nkept *  sizeof(int) ) ;
```

```
prior_best_trials = (int *  ) MALLOC ( maxpred *   nkept *   sizeof(int) ) ;
all_best_crits = (double *  ) MALLOC ( mcpt_reps *   nkept *   sizeof(double) ) ;
prior_best_crits = (double *  ) MALLOC ( nkept *   sizeof(double) ) ;
coefs = (double *  ) MALLOC ( ( maxpred + maxpred *   (maxpred+1) / 2 + 1) *  sizeof(double) ) ;
target_copy = (double *  ) MALLOC ( 2 *   ncases *   sizeof(double) ) ;
```

在此保存一个目标的副本，以便在置换后取回，然后执行两个嵌套循环。在外循环中每次增加一个变量，而在内循环中对增加的每个新变量执行蒙特卡罗置换处理。置换循环中的第一步是获取未置换的原始目标。如果是在一次置换过程中（除了第一次之外），会根据复制个数设置随机种子。这样可确保在增加变量时，每次复制都采用完全相同的置换目标。在 n_so_far 中计数所包含的特征。

```
memcpy ( target_copy , target , ncases *   sizeof(double) ) ;
n_so_far = 0 ;          //计数目前的变量个数
for (;;) {              //在循环中增加变量，每执行一次循环增加一个变量
    for (irep=0 ; irep<mcpt_reps ; irep++) { //置换循环
        memcpy ( target_copy , target , ncases *   sizeof(double) ) ; //获取原始目标
        if (irep) {             //如果进行置换，则重置
            irand = 17 *   irep + 11 ;     //在每次复制中总是采用相同的重置方式
            fast_unif ( &irand ) ;         //生成随机种子数
            fast_unif ( &irand ) ;         //再次生成随机种子数
            if (mcpt_type == 1) {          //完备置换（对于独立目标，效果最佳）
                i = ncases ;               //剩余需要重置的个数
                while (i > 1) {            //至少剩下 2 个需要重置
                    j = (int) (fast_unif ( &irand ) *   i) ;
                    if (j >= i)
                        j = i - 1 ;
                    dtemp = target_copy[--i] ;
                    target_copy[i] = target_copy[j] ;
                    target_copy[j] = dtemp ;
                }
            } //1 型，完备
            else if (mcpt_type == 2) { //循环；如果序列相关性较差，则强制执行
                j = (int) (fast_unif ( &irand ) *   ncases) ;
                if (j >= ncases)
                    j = ncases - 1 ;
                for (i=0 ; i<ncases ; i++)
                    target_work[i] = target_copy[(i+j)%ncases] ;
                for (i=0 ; i<ncases ; i++)
                    target_copy[i] = target_work[i] ;
            } //2 型，循环
        } //如果(irep > 0)，仍在执行置换
```

接下来，准备添加一个变量。mcpt_reps 中每次置换复制必须内部一致且独立。已根据复制个数设置了随机置换种子，确保每次复制都会对目标进行一致重新排序。在变量添加子

程序中还需设置两个在添加变量时保存数据的数组（best_trials 和 best_crits），为此在每次置换复制时，需要为这两个数组创建一个单独工作区。

```
best_trials = all_best_trials + irep *  maxpred *  nkept ; //本次复制的私有变量
best_crits = all_best_crits + irep *  nkept ;
if (n_so_far == 0)
    prior_crit = -1.e60 ; //确保保留第一个变量
else
prior_crit = best_crits[0] ;
n_this_rep = n_so_far ; //由 add_var()加 1
ret_val = add_var ( ncases , ncand , predvars , target_copy , nkept , nfolds ,
                mcpt_reps , &n_this_rep , best_trials , best_crits ,
                prior_best_trials , prior_best_crits , trial_vars ,
                already_tried , coefs ) ;
```

添加最新一个变量后得到的性能标准位于 best_crits[0]中，稍后将会详细说明。如果添加该变量导致性能标准降低，且在添加这一新变量之前，至少已具有用户指定最小个数的变量，以及是在未置换的第一次复制中，则拒绝该新变量并停止添加新变量。现在已执行完该步骤。在添加该变量之前已获取最优模型，即使可能也仅需要其中最好的模型。

```
if (best_crits[0] <= prior_crit && n_so_far >= minpred && ! irep) {
    for (i=0 ; i<nkept ; i++) {
        best_crits[i] = prior_best_crits[i] ;
        memcpy ( &best_trials[i* n_so_far] ,
            &prior_best_trials[i* n_so_far] ,
            n_so_far *  sizeof(int) ) ;
    }
    //在此应提醒用户，由于性能标准降低而终止执行
    goto STEP_MAIN_FINISH ;
}
```

置换循环的最后一步是处理与两次蒙特卡罗置换检验相关的内容。通常情况下，R^2 标准值永远不会为负。但在异常情况下，模型结果比猜测预测值为目标均值（通常是最佳的猜测值）更糟糕，则该标准值可能为负。在置换检验中，限制标准的值为零，因为这样可通过促进关联而产生更为保守的检验。

如果刚刚完成的是未置换的初次复制，则保存原始检验标准，即性能标准及其更改。但如果是进行置换复制，则需更新计数器。

```
if (prior_crit < 0.0)
    prior_crit = 0.0 ;
new_crit = best_crits[0] ;
if (new_crit < 0.0)
    new_crit = 0.0 ;
if (irep == 0) {
    original_crit = new_crit ;
    original_change = new_crit - prior_crit ;
```

```
        mcpt_mod_count = mcpt_change_count = 1 ;
    }
    else {
        if (new_crit >= original_crit)
            ++mcpt_mod_count ;
        if (new_crit - prior_crit >= original_change)
            ++mcpt_change_count ;
    }
} //对于 irep 的循环（蒙特卡罗置换检验循环）
```

至此，已添加了一个变量，并为这个新变量执行了所有蒙特卡罗置换检验复制。此时进行了两个零假设检验，两种假设均相同，即所有候选预测因子都毫无价值。其中一个检验是计算模型（包括目前为止选择的所有变量）性能至少有与仅凭运气的观测结果一样好的概率。另一个检验是计算仅凭运气添加该最新变量可能达到的性能改进与所观测的性能改进相同程度的概率。

这两种计算都是基于以下一个或两个条件为真的假设。即所有候选变量必须为非时间序列或无任何其他相关性（相互独立），或者目标变量的观察值必须独立。如果不满足上述要求，则计算得到的概率会很小，此时具有极大的危害性，因为会导致对结果的盲目自信。在这种情况下，采用较差的循环置换来代替较好的完备置换可在一定程度上缓解该问题，但不能完全消除。

以下代码是用于计算和输出添加最新变量后所产生的结果：

```
if (n_so_far == 0) //对于第一个变量，执行相同检验
    mcpt_change_count = mcpt_mod_count ;
sprintf_s ( msg , "%8.4lf %8.3lf %9.3lf ", original_crit,          //目前为止的 R²
        (double) mcpt_mod_count / (double) mcpt_reps,              //模型 p 值
        (double) mcpt_change_count / (double) mcpt_reps ) ;       //p 值变化
for (i=0 ; i<n_this_rep ; i++) {   //注意，如何通过 pred_indices 来获取变量名
    sprintf_s ( msg2 , " %s", var_names[pred_indices[all_best_trials[i]]] ) ;
    strcat_s ( msg , msg2 ) ;        //可根据需要，更改命名代码
    }
audit ( msg ) ;
++n_so_far ;                //添加一个变量
if (n_so_far == maxpred) //是否执行完添加变量的操作？
    break ;
} //无限循环递增变量
STEP_MAIN_FINISH:          //跳出 var 循环或发生错误时跳转到此
    * n_in_model = n_so_far ;   //向调用函数返回最佳预测因子
    for (i=0 ; i<n_so_far ; i++)
        model_vars[i] = all_best_trials[i] ;
//释放所有已分配的数组
    return ret_val ; //包含一个返回码，正常情况下为零，若产生错误，则非零
}
```

确定第一个变量

在上述代码中，调用 add_var() 函数对当前模型添加单个变量。该函数只是一个小的封装子程序，其任务可分为确定第一个变量和向现有模型添加一个新变量。

```
static int add_var (
    int ncases ,              //数据中的实例数
    int ncand ,               //候选预测因子数
    double * predvars ,       //ncase*nand 候选预测因子矩阵
    double * target ,         //ncases 维目标向量
    int nkept ,               //执行每步后保留的最佳预测因子个数
    int nfolds ,              //XVAL 标准的折叠次数
    int mcpt_reps ,           //仅用于更新过程
                              //需在整个逐步算法过程中保存以下各项
    int * n_so_far ,          //目前为止的预测因子个数
    int * best_trials ,       //当前 nkept 个最优模型的变量索引
    double * best_crits ,     //当前 nkept 个最优模型的性能标准
                              //以下各项位于严格的工作区，未保存
    int * prior_best_trials ,
    double * prior_best_crits ,
    int * trial_vars ,
    int * already_tried ,
    double * coefs
    )
{
    int ret_val ;
    if (* n_so_far == 0) {
        * n_so_far = 1 ;
        ret_val = first_var ( ncases , ncand , predvars , target , nkept , nfolds , mcpt_reps ,
                        best_trials , best_crits , trial_vars , coefs ) ;
        }
    else
        ret_val = next_var ( ncases , ncand , predvars , target , nkept , nfolds , mcpt_reps ,
                        n_so_far , best_trials , best_crits , prior_best_trials , prior_best_crits ,
                        trial_vars , already_tried , coefs ) ;
    return ret_val ;
}
```

接下来讨论 first_var() 函数，该函数用于搜索 nkept 个最佳变量，从而得到一个最佳变量以及在添加第二个变量时所传递的一组性能接近的竞争变量。下面是调用参数列表：

```
static int first_var (
    int ncases ,              //数据中的实例数
    int ncand ,               //候选预测因子数
```

```
         double * predvars ,      //ncase*nand 候选预测因子矩阵
         double * target ,        //ncases 维目标向量
         int nkept ,              //执行每步后保留的最佳预测因子个数
         int nfolds ,             //XVAL 标准的折叠次数
         int mcpt_reps ,          //仅用于更新过程
                                  //需在整个逐步算法过程中保存以下各项
         int * best_trials ,      //当前 nkept 个最优模型的变量索引
         double * best_crits ,    //当前 nkept 个最优模型的性能标准
                                  //以下各项位于严格的工作区，未保存
         int * trial_vars ,
         double * coefs
         )
```

在此，保存 nkept 个最优模型。将其保存数组初始化为空。由于这是第一个变量，因此每个模型只是一个变量。

```
{
    int i, j, this_var ;
    double crit ;
    for (i=0 ; i<nkept ; i++) {
    best_crits[i] = -1.e60 ;
    best_trials[i] = -1 ; //对于算法不必要，只是消除 "use-before-set" 错误
}
```

下列主循环用于评估每个候选特征变量的性能。在第 118 页介绍了性能标准子程序 xval()。

```
for (this_var=0 ; this_var<ncand ; this_var++) {
trial_vars[0] = this_var ;      //在该模型中只有一个变量
if (xval ( ncases , nfolds , 1 , trial_vars , ncand , predvars , target , coefs , &crit ))
return ERROR_INSUFFICIENT_MEMORY ;
```

现在，在 crit 中保存了针对试验变量 this_var（predvars 中的列索引）的 R^2 性能标准。在一般的逐步选择算法中，这就是所需要的结果。但在本章介绍的先进算法中，还需要保存 nkept 个最佳竞争变量，以便在继续添加第二个变量时，可以结合这些最佳的第一个变量来测试每个新的候选对象。

维护上述数组的最简单方法是按性能降序排列。在此，分三个步骤来实现。首先，遍历当前的排序序列，确定最适合的一个变量。其次，如果优于所保存的变量，则移动现有变量，以释放一个空槽。最后，将这个变量置于空槽中。

注意：需在整个逐步算法过程中保存 best_trials 和 best_crits 数组。为此，在执行置换时，每个置换必须具有这两个数组的各自私有副本以保持连续性。在置换过程中不能共享。

```
//将该变量插入到最优变量数组中
for (i=0 ; i<nkept ; i++) {         //确定在排序中的位置
    if (crit > best_crits[i])
        break ;                     //优于槽 i 中的变量
```

```
    }
  if (i < nkept) {                         //向下移动并插入
      for (j=nkept-2 ; j>=i ; j--) {
          best_trials[j+1] = best_trials[j] ;
          best_crits[j+1] = best_crits[j] ;
      }
          best_trials[i] = this_var ;      //插入当前变量
          best_crits[i] = crit ;
      }                                     //如果正在插入这个新的"最优"模型
  }                                         //对于 this_var 的循环，遍历所有竞争变量
  return 0 ;
}
```

在现有模型中添加变量

这是整个逐步算法过程中最复杂的部分，由于涉及许多簿记工作。接下来，进行详细分析。以下是调用参数集：

```
static int next_var (
    int ncases ,                  //数据中的实例数
    int ncand ,                   //候选预测因子数
    double * predvars ,           //ncase*nand 候选预测因子矩阵
    double * target ,             //ncases 维目标向量
    int nkept ,                   //每个步骤中保留的最佳预测因子的数量
    int nfolds ,                  //XVAL 标准的折叠次数
    int mcpt_reps ,               //仅用于更新过程
//需在整个逐步算法过程中保存以下各项
    int * n_so_far ,              //当前预测因子个数
    int * best_trials ,           //当前 nkept 个最优模型的变量索引
    double * best_crits ,         //本步中 nkept 最佳模型的性能准则
//以下项目严格说来是工作区，而非保留工作区
    int * prior_best_trials ,
    double * prior_best_crits ,
    int * trial_vars ,
    int * already_tried,
    double * coefs
)
```

在某种意义上，将 n_so_far 作为输入，然后再输出有点可笑。代码只是输出该变量加 1 的值，不过在此更直接一些。另外，该子程序还以 npred 作为*n_so_far 的简写，只是稍微简化了一些。

```
{
    int i, j, k, ivar, ir, npred, n_already_tried, nbest, * root_vars ;
    double crit ;
```

```
* n_so_far = npred = * n_so_far + 1 ; //用 npred 作为*n_so_far 的简写
```

准备添加新变量的第一步是将"最优"信息复制到一个"之前最优"工作区，以作为所有新模型的基础。然后重置"最优"工作区，以存放新的一组模型。在此保存已检验过的 n_already_tried 变量集，这样就不必重新进行检验。

```
for (i=0 ; i<nkept ; i++) {
    prior_best_crits[i] = best_crits[i] ;
    memcpy ( &prior_best_trials[i* (npred-1)] ,
        &best_trials[i* (npred-1)] ,
        (npred-1) *  sizeof(int) ) ;
    best_crits[i] = -1.e60 ;
    }
n_already_tried = 0 ; //计数已检验的 trial_vars 变量集
```

很快可遍历完所有历史最优模型。每个原始变量集（上一步中的最佳变量）保存在 root_vars 中。用户可能设置 nkeep 为较大值，在这种情况下，会在达到该上限之前已遍历完所有最优模型。因此，在遍历循环现有最优模型之前，必须确定有多少真正的最优模型。

```
for (ir=0 ; ir<nkept ; ir++) {
    if (prior_best_crits[ir] < -1.e59)          //如果完成先前的试验，则结束
        break ;
    }
nbest = ir ;                                     //这是上次迭代的最优模型
for (ir=0 ; ir<nbest ; ir++) {                  //遍历所有先前的最优模型
    root_vars = &prior_best_trials[ir* (npred-1)] ;
```

现已有一个由 root_vars 指向的"之前最优"变量集。然后尝试添加每个候选变量。当然，添加一个已在初始集中的变量没有任何意义。为此，在考虑一个新变量 ivar 时，会搜索初始集，如果该变量已位于初始集中，则忽略。

```
for (ivar=0 ; ivar<ncand ; ivar++) {
    //如果试验变量已在初始集中，则跳过
    for (i=0 ; i<npred-1 ; i++) { //ipred 已加 1，所以在初始集中 ipred-1
        if (root_vars[i] == ivar) //新的试验变量是否已在初始集中？
            break ;
        }
    if (i < npred-1)
        continue ; //试验变量已在初始集中，需忽略
```

此时处于两个循环中。外循环是执行初始集 root_vars，即在上一步中得到的最佳变量集。内循环指定一个新的变量 ivar 来添加到初始集。这些都合并到 trial_vars 数组中。最简单的方法是将初始变量复制到 trial_vars 中，然后添加新的试验变量 ivar。但在此的实现方法完全不同，这是因为希望 trial_vars 中的变量总是按其索引（数据集中的列）递增的顺序出现。由于这种排序确保了每一组变量在 trial_vars 中都是按唯一顺序出现的，因此更易于消除冗余。这样即可按顺序一次循环遍历 nand 个候选输入。对于每一个输入的候选变量，首先检

查 npred-1 个初始变量以确定是否已存在。然后查看是否是当前的新试验变量 ivar。

```
k = 0 ;
for (i=0 ; i<ncand ; i++) {
    for (j=0 ; j<npred-1 ; j++) {
        if (root_vars[j] == i) {        //如果输入的候选变量在初始列表中
            trial_vars[k++] = i ;       //将其添加到预测因子集的 trial_vars 中
            break ;                     //无需再检查；不可能再出现
            }
        }                               //在循环中得到试验的初始变量
    if (ivar == i)                      //同时得到目前的试验候选变量"ivar"
        trial_vars[k++] = i ;           //确保上述 ivar 不在初始集中
    }                                   //用于构建 trial_vars 向量
```

此时，trial_vars 向量中已包含本次试验的预测变量（索引）。重新测试已检验过的预测变量集没有任何意义。接下来，搜索数组 already_tried，以判断其中是否包含这组预测变量。现在，应该理解为何要按顺序排列索引了吧?

```
for (i=0 ; i<n_already_tried ; i++) {
    for (j=0 ; j<npred ; j++) {
        if (trial_vars[j] != already_tried[i* npred+j])     //发现有何不同吗?
            break ;
        }
    if (j == npred)                 //如果循环从未中断，则完全匹配
        break ;
    }                               //在 already_tried 中搜索模型
if (i < n_already_tried)            //如果匹配，则跳过该试验集
    continue ;
```

截至目前，得到一个尚未检验的试验集，记录该变量集以便后续不再重新检验，然后计算 R^2 性能标准。

```
for (i=0 ; i<npred ; i++)       //在已试验变量数组中插入该变量
    already_tried[n_already_tried* npred+i] = trial_vars[i] ;

++n_already_tried ;
if (xval ( ncases, nfolds, npred, trial_vars, ncand, predvars, target, coefs, &crit ))
    return ERROR_INSUFFICIENT_MEMORY ;
```

现在在 crit 中已保存了 trial_vars 集的性能标准。正如在确定第一个变量时所执行的操作，如果符合，则将该变量集插入到"目前最优"模型数组中。这个数组是按性能进行排序，且最优模型位于数组[0]，之后依次递减。

```
for (i=0 ; i<nkept ; i++) { //判断试验集在目前最优模型数组中的排序位置
    if (crit > best_crits[i])
        break ; //优于插槽 i 中的模型
    }
if (i < nkept) { //向下移动现有最优模型，并插入这个新的
    for (j=nkept-2 ; j>=i ; j--) {
        best_crits[j+1] = best_crits[j] ;
```

```
                memcpy ( &best_trials[(j+1)* npred] , &best_trials[j* npred] , npred *   sizeof(int) ) ;
            }
        best_crits[i] = crit ;
        memcpy ( &best_trials[i* npred] , trial_vars , npred *    sizeof(int) ) ;
        } //插入这个新的"最优"模型
    } //对于所有的试验变量
  } //对于所有的初始集
 return 0 ;
}
```

上述就是所有执行步骤，在此讨论了所提先进逐步选择算法相关的每一个子程序。完整的源代码位于 STEPWISE.CPP 文件中。

三个算法演示示例

本节介绍三个关于逐步选择改进算法的示例。在前两个示例中，采用以下 11 个变量：
RAND0～RAND9 是相互独立（自身和相互之间）的随机时间序列。
SUM1234 = RAND1 + RAND2 + RAND3 + RAND4
在此已指定候选预测变量的最小个数和最大个数。需要对所有候选变量进行测试。该算法的输出如下（格式稍微进行了重新调整）。

```
*************************************************************
*                                                          *
*   //计算改进的逐步线性－二次模型                            *
*   //SUM1234 为目标变量                                    *
*   //10 个候选预测变量                                     *
*   //每次迭代保留 5 个候选变量                              *
*   //4 次折叠用于交叉验证性能                               *
*   //最终模型中最小 10 个预测变量                           *
*   //最终模型中最大 10 个预测变量                           *
*   //100 次复制完备蒙特卡罗检验                            *
*   //逐步选择的变量                                        *
```

R-sqr	MOD	pval	CHG	pval	Predictors...
0.2811	0.010	0.010	RAND3		
0.5183	0.010	0.010	RAND3	RAND4	
0.7497	0.010	0.010	RAND2	RAND3	RAND4
1.0000	0.010	0.010	RAND1	RAND2	RAND3 RAND4
1.0000	0.010	0.690	RAND0	RAND1	RAND2 RAND3 RAND4
1.0000	0.010	0.850	RAND0	RAND1	RAND2 RAND3 RAND4 RAND5
1.0000	0.010	0.970	RAND0	RAND1	RAND2 RAND3 RAND4 RAND5 RAND6
1.0000	0.010	1.000	RAND0	RAND1	RAND2 RAND3 RAND4 RAND5 RAND6 RAND7
1.0000	0.010	1.000	RAND0	RAND1	RAND2 RAND3 RAND4 RAND5 RAND6 RAND7 RAND8

| 1.0000 | 0.010 | 1.000 | RAND0 | RAND1 | RAND2 RAND3 RAND4 RAND5 RAND6 RAND7 RAND8 RAND9 |

最终 XVAL 标准=1.00000

样本内均方误差=0.00000

注意以下几点：

- 添加每个（四个）"真实"预测变量后，R^2 标准提高约 0.25，此后达到并保持在 1.0。
- 从第一个预测变量开始，模型 p 值为最小可能值（最显著值），即 1/mcpt_reps=0.01。
- 添加三个额外的"真实"预测变量后，添加变量的 p 值保持在 0.01。但一旦添加一个不相关变量，p 值变为极其不显著。由此可清晰地判断重要与无用之间的界限。

在此未显示最终结果，但将预测变量最小个数设置为 1（默认值）后，重新进行检验。尽管正如上述所示，接受了四个"真实"的预测变量，但由于添加了一个毫无价值的变量而导致"性能下降"，程序终止执行。

最后是一个更为实际的示例。计算了用于股市分析的 19 个常用指标，以及应用这些指标后衡量交易日市场变化的指标。以下是测试产生的输出结果：

```
****************************************************
*                                                *
*  Computing enhanced stepwise linear-quadratic model  *
*                                                *
*  Z_DAY_RET is the target                       *
*  19 predictor candidates                       *
*  10 candidates retained for each iteration      *
*  4 folds for cross validation performance       *
*  1 minimum predictors in final model            *
*  19 maximum predictors in final model           *
*  100 replications of complete Monte-Carlo Test   *
*                                                *
****************************************************
Stepwise inclusion of variables...
R-square    MOD pval    CHG pval    Predictors...
0.0049      0.040       0.040       CMMA_10
0.0079      0.020       0.090       ADX15 CMMA_10
```

标准化数据的回归系数：

```
 0.035689    ADX15
-0.025106    CMMA_10
-0.001000    ADX15 Squared
 0.032440    CMMA_10 Squared
-0.079148    ADX15 *  CMMA_10
-0.030700    CONSTANT
```

首先选择的变量 CMMA_10 是当前条形图表示的收盘价减去前 10 个收盘价的移动平均值（在计算指标之前，所有价格都转换为对数）。该变量用于衡量价格偏离近期历史的方向和程度。选择的第二个变量 ADX15 是具有 15 日回溯的普通 ADX 指标，该指标表明了趋势变化程度，而未指定变化方向。

即使仅 CMMA_10 一项，p 值为 0.04，这意味着，如果 CMMA_10 不具有提前一日的预测能力，在预测下一日市场走势方面，该指标预测性能良好的概率也只有 0.04。加上 ADX15 后，概率降为 0.02。

在此，对于数学基础较好的读者进行简单的解释说明。从表面上看，p 值为 0.02 似乎是受选择偏差的影响而过于乐观。毕竟，程序首先选择 CMMA_10 作为最佳预测变量，然后选择 ADX15 作为最佳补充。但需要注意的是，置换复制执行的是完全相同的最佳选择，从而可正确解释任何选择偏差。因此，这是一个公平无偏的 p 值。

添加 ADX15 的 p 值为 0.09，还算不错，但并不是最好。在这之后，尽管可供选择的其他行业标准候选指标还有 17 个，但在添加了第三个指标之后，因观测到性能下降而终止。

最后，输出模型系数。CMMA_10 的单独系数和交叉乘积系数都为负，这表明回归均值是有效的。交叉乘积系数最大表明，在趋势变化最明显时，这种影响最大。这非常关键!

第**6**章
名义变量到有序变量的转换

名义变量是一个标识类成员身份的变量，而不具有数值意义。名义变量可以有数值，但无数值意义，即无数量或顺序的意义。典型的示例是一年中的月份。通常认为六月的值是 6，十一月的值是 11。显然 11 大于 6，但并不意味着 11 月大于 6 月。

很少有预测或分类模型能够直接以一个名义值作为输入，如果应用程序中有一个或多个变量是标称变量，则会产生一个问题。现有一些不是很方便的处理方法，最常用的方法是将单个名义变量重新编码为一组二进制变量，且二进制变量的个数与名义变量包含类的个数相同，并将每个二进制变量对应地赋予每个类。然后，对于每种情况，将对应于该情况的类的单个二进制变量设置为 1，而所有其他变量设置为 0。如果类很少，这种方法有效，但如果类较多，则不仅会产生不切实际的输入变量，而且任何给定类成员所提供的信息都将会被稀释。

如果有一个具有实际意义数值的变量，且与最终目标变量具有同等的或共享实质性信息，那么通常可用训练数据来提升有序变量的级别。至少在理论上，可以将其提升到与目标变量（可能是替代变量）同一度量级别。然而，根据本人经验，是将其提升到有序级别，以便排序（大于/小于）有意义，从而实现在不引入过多随机噪声的情况下，将一个名义变量转换为适合模型输入的变量。上述就是本章讨论的主要内容，如果需要的话，读者可以很容易地修改代码，转换到"目标"级别。

在实现过程中将添加一些实用技巧，不过首先还是先讨论一下基本思想。用户提供一个包含待转换的名义变量值以及称为目标变量值的数据集。在许多应用中，这将是预测模型所用的实际目标变量。但真正需要的是一些至少与最终目标变量显著相关的有序变量。

一个或许过于简单的示例是，假设最终目标是能够观察患者疾病的一系列症状，并决定是否采用具体治疗方法以作为后续手术，或是否副作用太大而无法判别。所以这是一个二元分类问题：采取治疗或不采取。另外，还假设可将患者的遗传病史作为一个输入变量，或许可以细分为十几种类别。在理想情况下，可生成 12 种不同的分类模型，对每种遗传病类采用不同的模型。但就目前状态而言，尚未有足够的数据来采取这种方法。为此，将遗传病作为一个名义变量，并将其与一个综合目标变量相关联，如每个患者在治疗后生活质量的个人评分（可能是 1 到 10 分）。

现有一组均接受过治疗的患者训练集（数据集中可能有许多患者未接受过这种治疗，这些患者暂不考虑）。除了许多与讨论问题无关的量测变量之外，对于每个患者，都有名义变量 Ethnicity 和目标变量 Quality of life。在此，希望计算一个新的变量来替代 Ethnicity，由此可将其作为最终分类模型的直接输入。

一种与上述方法稍有不同的合理方法是找到每个遗传病类目标变量的平均值，来代替 Ethnicity 变量的目标均值。例如，假设 Vulcan 族人经治疗后的生活质量很高，而 Romulan 族人却在治疗后生活质量很低。然后对数据集进行重新编码，用（大）Vulcan 人均值代替 Vulcan 患者的 Ethnicity 变量，用（小）Romulan 人均值代替 Romulan 患者的 Ethnicity 变量，同样，对于其他族人的变量。这样就为之前的名义变量 Ethnicity 提供了一个数值，该新变量可直接输入到分类或预测模型中。

在上述特定示例中，合成目标变量效果良好，因为其只有 10 个可能值。但假设合成目标重尾。例如，目标可能是治疗后距离死亡的天数。大多数患者或许还有 10~50 天的生命，而很少有人能活几百天。用均值作为替代值可能会效果很差，因为一个或多个异常值会导致结果产生偏差。

为避免这种情况，在代码中遍历了整个数据集，并将目标值转换为百分数。这样，目标值最小的情况将得分为 0，而目标值最大的情况得分为 100，所有其他情况都位于上述两个极值范围之内。由此提供了一个具有有序尺度的新的目标变量；保持一个数大于另一个数的顺序，但异常值除外。在本人实现过程中，发现这几乎保留了转换所需的所有有用信息，且异常值没有任何影响。

实验表明上述技术还有其他三个非常有用的改进。在本人第一次参与预测金融市场趋势时，很快发现有些技术只在波动性较低时有效，而有些技术（极少）只在波动性较高时有效。几乎总是能够设计出专门针对这两种市场状态中某一种情况的预测模型。这同样适用于名义变量到有序变量的转换。通常情况下，需要采用两种不同的变换，具体选择取决于某个二进制状态变量的值。该二进制状态变量通常称为 gate。

针对上述基本技术，第 2 种改进方法是在设计名义变量到有序变量映射关系时忽略某些情况的能力。在某些应用中，可能有理由相信某些情况下的类成员关系不相关，且具体取决于其他变量。考虑上述示例，涉及将名义变量 Ethnicity 转换为一个能够反映生活质量自我评估的有序变量。假设某些患者具有无法提供这种评估的医学障碍，而是由其亲属代为对患者生活质量进行判断。可能不相信第三者的观点，并决定是否为创建映射而忽略此情况。当然，希望尽可能避免创建"缺失数据"，为此类情况分配一些数字总是符合最佳利益的。分配的最合理数字是合成目标变量的中位百分数（居中相对正确）。显然，中位数非常接近 50，只会根据数据集中的关系发生偏离。

　　第 3 种改进是能够决定映射是否基于合理关系，而不是基于随机变化。如果希望转换的名义变量与用来计算映射的合成目标变量之间不存在合理关系，那么整个操作都毫无意义。因此不妨给这些情况随机编号，这将在下一节详细讨论。

实现概述

　　本章介绍的代码和 VarScreen 程序中采用的代码实现了选通操作（能够根据门变量的值计算两个单独的映射）以及根据门值忽略用例。通过单个门变量可处理两种选项。这确实对开发人员施加了一些小的限制。另一方面，也简化了程序运算。任何有经验的程序员都能够很容易地修改所提供的代码来分解这些运算，如果需要的话，甚至涵盖多个门变量的可能性。

　　此处的实现将可选的门变量看作一个三元组：正、负或零（幅值小于 1e-5 的值都认为是零）。门变量的正值是指该用例位于一个映射类别中，负值是指位于另一个映射类别中，而零值则意味着忽略该用例。仅使用正值和零值，或仅使用负值和零值是合理的；任何一种情况都只会产生一个有效映射。当然，只有正值和负值意味着生成了两个映射，没有忽略用例。

合理关系测试

　　在此，可采用 Monte-Carlo 置换检验来提供一种广泛适用的方法，以估计所获得的一个明显不错的映射可能只不过是名义变量和目标变量之间随机、无意义关系的乘积的概率。可以进行许多不同的测试，这些测试都是基于一个名义变量和目标变量之间无关联的原假设。但可以通过各种不同的假设来检验这一原假设。本人选择的测试如下所示。第一个测试是唯一一个无门变量下执行的操作。如果存在一个门变量，则有三种可能的情况：正的门映射；负的门映射；用例忽略。若门变量只取正的非零值，或负的非零值，则未使用的"映射"会将名义变量的所有值都映射到目标变量的中位百分位数，此时非常接近 50，极端关系的病理情况除外。以下是执行的测试：

- 从最大值中减去目标变量最小平均百分位数（所有类别的名义变量）。这是用于测试极端差异是否是由一个无关的名义变量和目标变量随机产生的。

- 对于每个名义变量类别，分别计算正门变量和负门变量之间目标变量平均百分位数的绝对差。这是用于测试极端差异是否是由随机运气造成的。

- 考虑之前计算的最大差值。这是用于测试极端最大差异是否只是随机运气造成的。先前分别考察每个类别的测试会受到选择偏差的影响，因为需计算多个 p 值。该测试对于这种特殊的选择偏差没有任何影响。如果在先前测试中得到一个显著 p 值，那么如果在该测试中没有一个显著 P 值，则其重要性会大打折扣。

- 仅考虑门值为负的情况，计算所有类别的目标变量最小平均百分位数，并用最大值减去该值。这是用于测试所观测的极端差异是否是偶然发生的。

- 同理，仅考虑门值为正的情况，执行相同测试。

- 观察前两次测试中计算的两个差值的较大者，并测试所观察到的最大差异是否是偶然发生的。前两个测试有一个微小而重要的选择偏差，因为观察每个门类别（正和负），并关注哪个更显著。而"两个差值中的较大者"不会受这种特殊选择偏差的影响。

当然，在大多数应用中，都会观察到大量的 p 值，因此选择偏差不可避免。但为了能够检验证明原假设（名义变量－目标变量无关联）错误的各种映射方式，需要执行多重检验。因此，一定程度的选择偏差是不可避免的。

股票价格变动示例

本节讨论的测试是基于标准普尔 100 指数 OEX 超过 8500 天的收盘价。想要确定最近 3 天收盘价的顺序是否可以作为预测第二天价格变动的模型输入。也就是说，前 3 天的价格稳定上涨意味着一回事，稳定下跌可能意味着另一件事，价格上涨后又下跌又意味着另一件事，依此类推。那么现在共有 3！=6 种三种不同价格的排列方式（平局情况不常见）。设 C 是 2 天前的收盘价，B 是昨天的收盘价，A 是今天的收盘价。在此赋予了 6 种类别，考虑价格持平的情况，类分配到所属的最后一个类别。

0: C <= B <= A
1: C <= A <= B
2: B <= C <= A
3: B <= A <= C
4: A <= B <= C
5: A <= C <= B

由上可知，这显然是一个名义变量，因为没有明显的方法来合理分配这些类别的数值。众所周知，市场价格模式在波动较高时与波动较低时可以采取完全不同的形式。在此决定计算异常高波动机制和异常低波动机制的独立映射，而当波动率为平均值时，忽略价格顺序（无论这在现实生活中是否是一个明智选择，都非常适合展示该映射技术）。该测试的输出结果如下：

```
**********************************************************
*                                                        *
* Computing nominal-to-ordinal conversion                *
*                                                        *
* ORDER_CLASS is the sole predictor                      *
* VOLATILE is the gate                                   *
* Z_DAY_RET is the target                                *
* 1000 replications of complete Monte-Carlo Test         *
*                                                        *
**********************************************************

Class bin counts...
Class   Gate-    Gate0    Gate+
0       874      707      710
1       471      324      378
2       473      325      360
3       380      324      350
4       687      552      581
5       412      327      313
Class bin mean percentiles...
Class   Gate-    Gate0    Gate+
0       47.40    50.09    48.13
1       48.77    49.68    51.97
2       48.04    46.74    50.96
3       50.03    52.56    50.26
4       50.87    50.39    54.61
5       51.73    49.73    50.34
For each class individually, p-value for positive gate versus negative gate...
Class   p-value
0       0.614
1       0.097
2       0.145
3       0.939
4       0.018
5       0.532
```

通过分析计数箱，发现（毫不奇怪）对于所有波动性机制，价格稳步上涨的模式是迄今为止最常见的。相差较大的第二种模式是价格稳步下降。

目标变量是第二天的对数价格变化。目标变量平均百分位数表显示了一种有趣的模式。对于两种极端的波动性，价格稳定增长的类别表现出目标变量平均百分位数最小。对于异常高的波动性，价格稳定下降的类别表现出目标变量平均百分位数最大，而对于异常低的波动性，该类别的目标变量平均百分位数次大。最大的仍是最近价格是三天内价格最低的那个类别。这表明均值回归是可控的，而不是趋势跟踪，至少对于这两种极端波动性是如此。

注意："Gate 0" 类别，意思是"忽略该情况"，仍输出目标变量平均百分位数，以供用户参考。在生成新的名义变量时，这将被指定为目标变量中位百分位数，当然是非常接近 50。

现在分析 p 值。由上可知，只有类别 4—价格稳步下降，其目标变量平均百分位数的差异非常显著（0.018）。然而，现在是从 6 个 p 值中选择最显著的，因此这是选择偏差在起作用。继续观察，当考虑类间最大值时，p 值是一个不显著的 0.254。这说明不应过于关注引人注目的 p 值。这很可能是随机变化的产物。对于负的门变量（异常低的波动性），最大类间差异为 0.162。但对于高波动性，得到的 p 值是更令人关注的 0.016。此外，倾向于认真对待，因为类别的无选择偏差的 p 值是 0.024，这是相当大的。

执行该测试后，创建了一个新变量。如果这是第一次执行实现名义变量到有序变量转换的 VarScreen 程序，那么该变量命名为 NomOrd_1。若是第二次执行，则记为 NomOrd_2，依此类推。该变量可用于随后的测试，也可通过"文件/写变量"菜单命令将其写入到文本文件。

名义变量到有序变量变换实现代码

要使用该代码，需执行以下操作：

（1）通过以下参数调用构造函数来创建一个新的 NomOrd 对象：

ncases——训练集中的用例数。

npred——预测值个数（如果属于类，为 1，如果是最大值，则>1）。

preds——ncases*npred 的预测值矩阵。

gate——门变量的 ncases 向量；如果没有门变量，则为 NULL。

在此，需要对参数 npred 和数组/矩阵 preds 进行详细解释。若 npred=1，则 preds 为类 ID 的数组。该数组中的每个元素都取整为最接近的整数（不是四舍五入）以获取相应用例的类 ID。ID 必须从 0 开始，如果 ID 为负，则视为 0。在此，强烈建议（尽管不是必须）未忽略 0 到最大值之间的 ID。若 npred>1，则为类的个数，对于每个用例，preds 矩阵中具有最大项的列决定了该用例的类成员。平局会随机破坏。

（2）如果需要，调用 print_counts(pred_index)成员函数。参数 pred_index 仅用于允许输出变量名。有关详细信息，参见代码，可省略或修改命名过程。

（3）调用 train(target)成员函数，输入一个目标向量。可根据是否需要不同的目标向量来调用该函数。该函数用于计算名义变量 preds 的类（类别）到目标变量平均百分位数（百分位数）之间的映射关系。

（4）如果需要，调用 print_ranks(pred_index)成员函数。该函数用于将映射关系输出为每个类别的平均百分位数表。

（5）如果需要，调用 mcpt(mcpt_type,mcpt_reps,target,pred_index)成员函数。该函数计算并输出上节讨论的 p 值。

构造函数

以下是调用参数列表和一些内存分配，稍后还将分配更多内存。为了清晰，省略了错误检查。更多细节，见 NOM_ORD.CPP 文件。

```
NomOrd::NomOrd (
    int ncases_in ,        //训练集中的用例个数
    int npred_in ,         //预测值个数（如果是类别，为 1，如果是最大值 >1）
    double *preds_in ,     //ncases_in*npred_in 的预测值矩阵
    double *gate_in        //门变量的 ncases 向量；如果无门变量，则为 NULL
)
{
    int i, j, jbig ;
    double biggest ;
    ncases = ncases_in ;   //在对象中保存私有副本
    npred = npred_in ;
    class_id = (int *) MALLOC ( ncases * sizeof(int) ) ;
    if (gate_in != NULL)   //将用户的实际门变量转换为-1/0/+1 三元组标记
        gate = (int *) MALLOC ( ncases * sizeof(int) ) ;
    else
        gate = NULL ;
        ranks = (double *) MALLOC ( ncases * sizeof(double) ) ;
        indices = (int *) MALLOC ( ncases * sizeof(int) ) ;
        temp_target = (double *) MALLOC ( 2 * ncases * sizeof(double) ) ;
        target_work = temp_target + ncases ;
```

下个循环是遍历所有用例。整型类 ID 保存在 class_id 中，如果用户提供了门变量数组，则在门变量中包含三元组整型门变量标记。

```
nclasses = npred ;    //若 npred=1，则跟踪目前为止最大的 ID
for (i=0 ; i<ncases ; i++) {
    if (npred == 1) {     //类是经取整的单个预测值，原始值为 0
        class_id[i] = (int) (preds_in[i] + 0.5) ;
        if (class_id[i] < 0)
            class_id[i] = 0 ;
        if (class_id[i]+1 > nclasses)    //原始类 ID 为 0
            nclasses = class_id[i]+1 ;
    }
    else { //类是具有最大值的预测值
        for (j=0 ; j<npred ; j++) {
            if (j == 0 || preds_in[i* npred+j] > biggest) {
                biggest = preds_in[i* npred+j] ;
```

```
                    jbig = j ;
                    }
                }
            class_id[i] = jbig ;
            }
        if (gate != NULL) {
            if (gate_in[i] > 1.e-15)
                gate[i] = 1 ;
            else if (gate_in[i] < -1.e-15)
                gate[i] = -1 ;
            else
                gate[i] = 0 ;
            }
        }
```

上述 ncases 循环中的第一个代码块是处理 npred=1 的情况。preds_in 中的每个值都是实际的类 ID。将其取整到最接近的整数，限制为 0 以防止 ID 为负，并跟踪最大的类 ID。

第二个代码块是处理每个可能的类都有一个独立变量的情况。对于这种情况，观察哪个变量的值最大，并相应地设置类 ID。

最后一个代码块是根据原始门变量的符号和大小将实值门变量转换为-1、0 或+1。这样会加快后续处理速度。

现在已知类的个数（名义变量的类别），那么就可以完成内存分配。如果存在门变量，则需比没有门变量时分配更多的内存。

分配的内存项主要包括以下用途：

class_counts——对每个类中的用例计数，考虑计数或忽略用例时的任何门变量。如果没有门变量，则用于映射计算。如果存在门变量，仍计算该值，但永远不会用到（在为用户输出或发现其他用途时可能会很有用）。

mean_ranks——计算并保存映射函数。为用户输出，以允许用户为应用程序编写转换函数。也可为 Monte-Carlo 排列测试提供数据。

bin_counts——是 class_counts 的门变量版本。如果没有门变量，则无用。如果存在门变量，则统计每个箱中的用例数，其中箱是由其名义变量类别（类）和三元组门变量值定义的。

orig_gate——存储一次 Monte-Carlo 排列测试的未排列准则向量。

count_gate——测试计数器。所有其他 MCPT（Monte-Carlo 置换检验）原始值和计数器都是标量，因此无需分配内存。

```
class_counts = (int *) MALLOC ( nclasses * sizeof(int) ) ;
if (gate == NULL) {
    mean_ranks = (double *) MALLOC ( nclasses * sizeof(double) ) ;
    bin_counts = NULL ;
    orig_gate = NULL ;
    count_gate = NULL ;
```

```
          }
    else {
          mean_ranks = (double *) MALLOC ( 3 * nclasses * sizeof(double) ) ;
          bin_counts = (int *) MALLOC ( 3 * nclasses * sizeof(int) ) ;
          orig_gate = (double *) MALLOC ( nclasses * sizeof(double) ) ;
          count_gate = (int *) MALLOC ( nclasses * sizeof(int) ) ;
          }
```

在构造函数中声明以下讨论的一些项，但无需分配内存：

```
int gate_counts[3] ;        //各个门变量箱中的用例数
double orig_class[2] ;      //gate-和 gate+的 rep 0 最大类差异
int count_class[2] ;        //排列测试的计数器
```

最后一步是计算每个箱子中的用例数。下面第一个代码块用于将所有计数器置零。然后循环遍历用例，以计数每个箱中的用例。

```
for (i=0 ; i<nclasses ; i++) {
    class_counts[i] = 0 ;
    if (gate != NULL)
        bin_counts[i*3+0] = bin_counts[i* 3+1] = bin_counts[i* 3+2] = 0 ;
    }
gate_counts[0] = gate_counts[1] = gate_counts[2] = 0 ; //负、零、正
for (i=0 ; i<ncases ; i++) {
    if (gate == NULL)
        ++class_counts[class_id[i]] ;
    else {
        if (gate[i])
            ++class_counts[class_id[i]] ;
        if (gate[i] < 0) {
            ++gate_counts[0] ;
            ++bin_counts[class_id[i]* 3+0] ;
            }
        else if (gate[i] > 0) {
            ++gate_counts[2] ;
            ++bin_counts[class_id[i]* 3+2] ;
            }
        else {
            ++gate_counts[1] ;
            ++bin_counts[class_id[i]* 3+1] ;
            }
        }
    }
}
```

输出计数表

大多数用户都希望以个人喜欢的格式输出计数值。然而，在此给出 VarScreen 程序中所

用的输出代码，仅仅是因为其明确表明了箱计数数组的使用和排列。一旦创建了构造函数，就可输出这些信息。

```
void NomOrd::print_counts ( int * pred_index )
{
    int i ;
    char msg[256] ;
    if (gate == NULL) { //未使用门变量
    if (npred == 1) { //单个名义变量包含类 ID
        audit ( " Class Count" ) ;           //因此，没有类的名义变量
        for (i=0 ; i<nclasses ; i++) {       //类 ID 只是数字，不是名称
            sprintf_s ( msg, "%6d %8d", i, class_counts[i] ) ;
            audit ( msg ) ;
            }
        }
    else { //每个类都有一个独立变量；可命名这些类
        audit ( " Predictor Count" ) ;
        for (i=0 ; i<npred ; i++) {
            sprintf_s ( msg, "%15s %8d", var_names[pred_index[i]], class_counts[i] ) ;
            audit ( msg ) ;
            }
        }
    } //If gate == NULL
    else { //使用门变量
        if (npred == 1) { //单个名义变量包含类 ID
            audit ( "Class Gate- Gate0 Gate+" ) ;
            for (i=0 ; i<nclasses ; i++) {
                sprintf_s ( msg, "%5d %8d %8d %8d",
                    i, bin_counts[i* 3+0], bin_counts[i* 3+1], bin_counts[i* 3+2] ) ;
                audit ( msg ) ;
                }
            }
    else { //每个类都有一个独立变量；可命名这些类
        audit ( " Predictor Gate- Gate0 Gate+" ) ;
        for (i=0 ; i<npred ; i++) {
            sprintf_s ( msg, "%15s %8d %8d %8d", var_names[pred_index[i]],
                bin_counts[i* 3+0], bin_counts[i* 3+1], bin_counts[i* 3+2] ) ;
            audit ( msg ) ;
            }
        }
    }
    }
}
```

在上述代码中唯一需要注意的是 pred_index 参数的使用。读者可能会采取不同方法。在 VarScreen 程序中，有一个所有变量的主数据库，其中包含那些非用于名义变量到有序变量

研究的变量。这些变量的名称存储在全局变量 var_names 中，因此调用者会传入 pred_index 这个索引变量，该变量位于主变量数据库中，用于特定研究，由此可输出变量名。当然，每个读者也希望以适合自身代码的方式输出变量名。

另外，还可以明确 audit()函数只是将输入的任何字符行都输出到日志文件中。当然，读者也希望自定义输出方法。

计算映射函数

为计算将先前提供的名义变量和门变量映射到目标变量的函数，用户需调用 train()函数。这可根据需要经常使用的不同目标向量来完成。第一步是将目标变量转换为秩（实际上是百分位数），包括持平。同时得到较大的中位百分位数（稍后需要）。然后利用索引再次排序，使其对应预测值进行排列。当然，可利用工作数组快速取消排序，但该方法并不会慢很多，且更加简单（一行代码）。

```
void NomOrd::train (
    double *target ) //目标变量，未受影响
{
    int i, k ;
    double val, rank ;
    for (i=0 ; i<ncases ; i++) {
        ranks[i] = target[i] ;        //不得改变调用函数的目标变量
        indices[i] = i ;              //排序后跟踪原始值索引
        }
qsortdsi ( 0 , ncases-1 , ranks , indices ) ; //升序排序，索引变化
for (i=0 ; i<ncases ; ) { //将目标值转换为秩
    val = ranks[i] ;
    for (k=i+1 ; k<ncases ; k++) { //查找所有平局
        if (ranks[k] > val)
            break ;
        }
    rank = 0.5 * ((double) i + (double) k + 1.0) ;
    while (i < k)
        ranks[i++] = 100.0 * rank / ncases ; //将秩转换为百分位数
    } //对于排序数组中的每个用例
if (ncases % 2)
    median = ranks[ncases/2] ;
else
    median = 0.5 * (ranks[ncases/2-1] + ranks[ncases/2]) ;
qsortisd ( 0 , ncases-1 , indices , ranks ) ; //撤销排序以恢复原始顺序
```

现在，输入数据，累积每个箱子的平均百分位数。如果没有门变量，则对于每个类需要 mean_ranks 中的一个箱子。如果存在门变量，则对于每个类需要三个箱子，因为需分别计数正的门变量、负的门变量和零值门变量。回顾在执行构造函数时已计算了每个箱子中的用例

数，在此只是将每个箱子中的 ranks 相加。下面的第一个代码块是将所有汇总箱归零，表明类和门变量值如何在箱子数组中排列。

```
for (i=0 ; i<nclasses ; i++) {
    if (gate == NULL)
        mean_ranks[i] = 0 ;
    else
        mean_ranks[i*3+0] = mean_ranks[i* 3+1] = mean_ranks[i* 3+2] = 0.0 ;
}
```

下一个代码块是处理没有门变量的情况。遍历所有用例，对箱子求和，然后除以先前计算的箱子数，得到每个箱子的平均值。在箱子中没有用例的异常情况下，将其"平均秩"设置为较大的中位秩（百分位数）。

```
if (gate == NULL) {
    for (i=0 ; i<ncases ; i++) {
        k = class_id[i] ; //该用例的类
        mean_ranks[k] += ranks[i] ; //累积该用例的目标变量秩
        }
    for (i=0 ; i<nclasses ; i++) {
        if (class_counts[i] > 0)
            mean_ranks[i] /= class_counts[i] ;
        else
            mean_ranks[i] = median ;
    }
}
```

下一页给出的代码是处理存在门变量的情况。这只是上述代码的简单泛化，检查门变量符号标志，并根据类和门变量值将每个用例分配到相应的箱子中。

```
else {
    for (i=0 ; i<ncases ; i++) {
        k = class_id[i] ; //该用例的类
        if (gate[i] < 0)
            mean_ranks[k* 3+0] += ranks[i] ; //门变量为负
        else if (gate[i] > 0)
            mean_ranks[k* 3+2] += ranks[i] ; //门变量为正
        else
            mean_ranks[k* 3+1] += ranks[i] ; //门变量为零（映射时忽略该用例）
    }
```

箱子秩是用于统计具有门变量的情况，现在除以每个箱子中的用例数来得到平均秩。如果一个箱子中无用例，则用较大的中位秩作为其"平均秩"。

```
for (i=0 ; i<nclasses ; i++) {
    if (bin_counts[i* 3+0] > 0) //门变量为负
        mean_ranks[i*3+0] /= bin_counts[i* 3+0] ;
    else
```

```
            mean_ranks[i*3+0] = median ;
        if (bin_counts[i*3+1] > 0) //门变量为零（映射时忽略该用例）
            mean_ranks[i*3+1] /= bin_counts[i*  3+1] ;
        else
            mean_ranks[i*3+1] = median ;
        if (bin_counts[i*3+2] > 0) //门变量为正
            mean_ranks[i*3+2] /= bin_counts[i*  3+2] ;
        else
            mean_ranks[i*3+2] = median ;
        }
    }
}
```

Monte–Carlo 置换检验

Monte-Carlo 置换检验程序是所有程序中最长且最复杂的；跟踪所有关键映射计算的原始值和置换值非常麻烦。以下是该程序的开始。注意，pred_index 与该算法无关，仅用于输出类名。有关参数调用的含义和用法的详细信息，参见第 141 页有关计数表输出的讨论。与之前一样，第一次复制是未置换的；随后重复置换目标变量。

```
void NomOrd::mcpt (
    int type ,              //置换形式；1=完备置换；2=循环置换
    int reps ,              //复制次数
    double *target ,        //目标变量，不受影响
    int *  pred_index       //仅用于输出的数据库变量索引
    )
{
    int i, j, irep ;
    double dtemp, min_neg, max_neg, min_pos, max_pos, max_gate ;
    char msg[256] ;
    if (reps < 1)           //不能以 nreps<=1 来调用
        reps = 1 ;          //更不能以零来调用
    for (irep=0 ; irep<reps ; irep++) {   //所有复制（包括第一次未置换复制）
        memcpy ( temp_target , target , ncases *   sizeof(double) ) ;   //不得改变目标变量
        if (irep) {          //复制经第一次置换的目标变量
            if (type == 1) {  //完备置换（若序列相关，最佳等不合理）
                i = ncases ;  //需重新排列的剩余个数
                while (i > 1) {  //至少还有两次重新排列
                    j = (int) (unifrand() * i) ;
                    if (j >= i)
                        j = i - 1 ;
                    dtemp = temp_target[--i] ;
                    temp_target[i] = temp_target[j] ;
                    temp_target[j] = dtemp ;
                    }
```

```
        }                       //类型 1，完备置换
    else if (type == 2) {        //如果目标变量具有序列相关性，则需进行循环置换
        j = (int) (unifrand() * ncases) ;
        if (j >= ncases)
            j = ncases - 1 ;
        for (i=0 ; i<ncases ; i++)
            target_work[i] = temp_target[(i+j)%ncases] ;
        for (i=0 ; i<ncases ; i++)
            temp_target[i] = target_work[i] ;
        }                       //类型 2，循环置换
    }                           //如果正进行置换（irep>0）
```

如前所述，如果至少有一个预测值与目标变量具有序列相关性，就不能使用其他优越的完全置换算法。相反，必须通过以端点环绕旋转目标来进行"置换"。与完备置换算法相比，该算法的置换不彻底，但主要保留了序列相关性，从而得到比完全置换更精确的 p 值。

现在调用 train() 程序来计算平均秩。如果是第一个未置换的复制值，则保存每个测试统计的原始值，并将所有计数值初始化为 1。

```
    train ( temp_target ) ;
    if (irep == 0) {
        if (gate == NULL) {
            for (i=0 ; i<nclasses ; i++) {
                if (i == 0)
                    min_pos = max_pos = mean_ranks[i] ;
                else {
                    if (mean_ranks[i] > max_pos)
                        max_pos = mean_ranks[i] ;
                    if (mean_ranks[i] < min_pos)
                        min_pos = mean_ranks[i] ;
                    }
                } //对于 i<nclasses
            orig_max_class = max_pos - min_pos ;
            count_max_class = 1 ;
            } //门变量为空
```

上述代码是处理没有门变量的相对简单情况。在这种情况下，只有一个检验统计量，即所有类的最大平均秩与最小平均秩之差。因此，程序只是计算这些量，并将原始值保存在 orig_max_class 中。

当存在一个门变量时，会有多个检验统计量。对于每个类，将正的门变量平均秩和负的门变量平均秩之间的绝对差分别保存在 orig_gate[i] 中。这些值的最大值保存在 orig_max_gate 中。对于正的门变量和负的门变量，分别找到所有类的最大和最小平均秩。对于负的门变量，最大值减去最小值，并保存在 orig_class[0] 中，对于正的门变量，最大值减去最小值保存在 orig_class[1] 中。最后，两种情况下的最大值保存在 orig_max_class 中。

```
else {
    for (i=0 ; i<nclasses ; i++) {
        orig_gate[i] = fabs ( mean_ranks[i* 3+0] - mean_ranks[i*3+2] ) ;
        count_gate[i] = 1 ;
        if (i == 0) {
            orig_max_gate = orig_gate[i] ;
            min_neg = max_neg = mean_ranks[i*3+0] ;
            min_pos = max_pos = mean_ranks[i*3+2] ;
        }
        else {
            if (orig_gate[i] > orig_max_gate)
                orig_max_gate = orig_gate[i] ;
            if (mean_ranks[i* 3+0] > max_neg)
                max_neg = mean_ranks[i*3+0] ;
            if (mean_ranks[i* 3+0] < min_neg)
                min_neg = mean_ranks[i*3+0] ;
            if (mean_ranks[i* 3+2] > max_pos)
                max_pos = mean_ranks[i*3+2] ;
            if (mean_ranks[i*3+2] < min_pos)
                min_pos = mean_ranks[i* 3+2] ;
        }
    } //对于 i<nclasses
    orig_class[0] = max_neg - min_neg ;
    orig_class[1] = max_pos - min_pos ;
    orig_max_class = (orig_class[0] > orig_class[1]) ? orig_class[0] : orig_class[1] ;
    count_max_class = count_max_gate = count_class[0] = count_class[1] = 1 ;
} //门变量不为空
} //若 irep==0
```

如果经过第一次复制,则完成了置换,那么计算得到的值与之前代码中的计算结果相同。但是现在没有进行保存,而是将其与原始未置换值进行比较。若置换值等于或大于原始值,则相应的计数器加 1。

同样,没有门变量的时候是最简单的情况。唯一的检验统计量是最大平均秩和最小平均秩之差。

```
else { //置换复制
    if (gate == NULL) {
        for (i=0 ; i<nclasses ; i++) {
            if (i == 0)
                min_pos = max_pos = mean_ranks[i] ;
            else {
                if (mean_ranks[i] > max_pos)
                    max_pos = mean_ranks[i] ;
                if (mean_ranks[i] < min_pos)
                    min_pos = mean_ranks[i] ;
```

```
        }
      } //对于 i<nclasses
      if (max_pos - min_pos >= orig_max_class)
        ++count_max_class ;
    } //门变量为空
```

在具有一个门变量时，如前所述，计算多重检验统计量，在此不再逐行解释代码。整体与未置换情况完全相同，只是不再保存这些值，而是将其与原始值进行比较，并相应地计数器加 1。

```
    else {
      for (i=0 ; i<nclasses ; i++) {
        if (fabs ( mean_ranks[i* 3+0] - mean_ranks[i* 3+2] ) >= orig_gate[i])
          ++count_gate[i] ;
        if (i == 0) {
          max_gate = fabs ( mean_ranks[i*3+0] - mean_ranks[i*3+2] ) ;
          min_neg = max_neg = mean_ranks[i*3+0] ;
          min_pos = max_pos = mean_ranks[i*3+2] ;
          }
        else {
          if (fabs ( mean_ranks[i* 3+0] - mean_ranks[i*3+2] ) > max_gate)
            max_gate = fabs ( mean_ranks[i*3+0] - mean_ranks[i*3+2] ) ;
          if (mean_ranks[i* 3+0] > max_neg)
            max_neg = mean_ranks[i*3+0] ;
          if (mean_ranks[i*3+0] < min_neg)
            min_neg = mean_ranks[i*3+0] ;
          if (mean_ranks[i*3+2] > max_pos)
            max_pos = mean_ranks[i* 3+2] ;
          if (mean_ranks[i*3+2] < min_pos)
            min_pos = mean_ranks[i*3+2] ;
          }
      } //对于 i<nclasses
      if (max_gate >= orig_max_gate)
        ++count_max_gate ;
      if (max_neg - min_neg >= orig_class[0])
        ++count_class[0] ;
      if (max_pos - min_pos >= orig_class[1])
        ++count_class[1] ;
      if ((((max_neg-min_neg) > (max_pos-min_pos)) ?
          (max_neg-min_neg) : (max_pos-min_pos)) >= orig_max_class)
        ++count_max_class ;
      } //门变量不为空
    } //若 irep==0
} //对于 irep
```

其余代码就是输出结果。可能希望以个人喜好方式输出结果，或只是进行保存以便以后输出，但在代码中会澄清刚计算的数值含义。有关计算和输出的每个 p 值的含义，在第 135 页给出了更详细的解释。有关如何在此处使用未用变量 pred_index，参见第 142 页。

```
if (gate == NULL) {
    sprintf_s ( msg, "p-value for max mean rank minus min mean rank = %.3lf",
        (double) count_max_class / (double) reps ) ;
    audit ( msg ) ;
}
else {
    audit( "For each class individually, p-value for positive gate versus negative gate...");
if (npred == 1) { //单个变量指定类 ID 为整型
    audit ( " Class p-value" ) ;
    for (i=0 ; i<nclasses ; i++) {
        sprintf_s ( msg, "%6d %8.3lf", i, (double) count_gate[i] / (double) reps ) ;
        audit ( msg ) ;
    }
}
else { //每个类都有一个独立变量
    audit ( " Predictor p-value" ) ;
    for (i=0 ; i<npred ; i++) { //注意 npred==nclasses
        sprintf_s ( msg, "%15s %8.3lf",
                var_names[pred_index[i]], (double) count_gate[i] / (double) reps ) ;
        audit ( msg ) ;
        }
    }
audit ( "" ) ;
sprintf_s ( msg, "p-value for max across classes of the gate +/- difference = %.3lf",
    (double) count_max_gate / (double) reps ) ;
audit ( msg ) ;
sprintf_s ( msg,
        "p-value for max class mean rank minus min, for negative gate = %.3lf",
        (double) count_class[0] / (double) reps ) ;
audit ( msg ) ;
sprintf_s ( msg,
        "p-value for max class mean rank minus min, for positive gate = %.3lf",
        (double) count_class[1] / (double) reps ) ;
audit ( msg ) ;
    sprintf_s ( msg, "p-value for max of the above two = %.3lf",
(double) count_max_class / (double) reps ) ;
audit ( msg ) ;
} //门变量不为空
}
```